高素质农民培育系列读本

甘蔗 主要营养元素诊断与轻简高效施肥

GANZHE ZHUYAO YINGYANG YUANSU ZHENDUAN YU QINGJIAN GAOXIAO SHIFEI

谭宏伟　主编

梁　阗　何为中　周柳强　黄金生　区惠平　副主编

中国农业出版社
北　京

图书在版编目（CIP）数据

甘蔗主要营养元素诊断与轻简高效施肥／谭宏伟主编 . —北京：中国农业出版社，2020.11（2024.9 重印）
（高素质农民培育系列读本）
ISBN 978-7-109-27077-0

Ⅰ . ①甘… Ⅱ . ①谭… Ⅲ . ①甘蔗－植物营养－诊断②甘蔗－施肥 Ⅳ . ①S566.1

中国版本图书馆 CIP 数据核字（2020）第 126034 号

中国农业出版社出版
地址：北京市朝阳区麦子店街 18 号楼
邮编：100125
责任编辑：国 圆 孟令洋
版式设计：王 晨 责任校对：沙凯霖
印刷：中农印务有限公司
版次：2020 年 11 月第 1 版
印次：2024 年 9 月北京第 2 次印刷
发行：新华书店北京发行所
开本：880mm×1230mm 1/32
印张：2.5
字数：100 千字
定价：25.00 元

《甘蔗主要营养元素诊断与轻简高效施肥》编委会

主　　编　　谭宏伟

副 主 编　　梁　阗　　何为中　　周柳强

　　　　　　黄金生　　区惠平

参编人员　　罗亚伟　　覃振强　　李德伟

前　言

　　我国蔗糖产量占食糖总产量的 90% 以上。广东、广西、福建、海南及云南等是我国重要的甘蔗种植区，该区光、温、水条件优势明显；也是我国重要的蔗糖产区，实现该区农业的可持续发展，对确保我国食糖的有效供给有着重要的作用。

　　目前，制约我国蔗糖产业发展的主要施肥管理问题：一是大部分甘蔗种植区农民缺乏对甘蔗吸收矿质营养的了解；二是甘蔗施肥养分不平衡；三是甘蔗生产设施和生产条件仍比较落后，甘蔗受干旱等因素的制约严重，单产低；四是经营比较分散，规模化生产、机械化程度和劳动生产率等都比较低，生产成本高；五是缺乏有关蔗区土壤养分状况、甘蔗营养诊断及施肥管理技术知识的有效传播渠道。

　　因此，编写本书的目的是有效总结传播蔗区土壤养分状况、甘蔗营养诊断及施肥管理技术知识，加强甘蔗施肥创新技术推广及生产新技术集成应用，全面提高我国蔗糖产业的整体科技水平，以提高甘蔗生产的综合效益，增加农民收入，这对促进我国甘蔗生产持续、稳定、健康发展和新农村建设，具有十分重要的意义。

本书梳理和总结了本课题组近30年的科研技术成果，其出版得到了国家自然科学基金项目（31760368）；国家重点研发计划项目：甘蔗化肥农药减施增效技术集成研究（2018YFD0201103），国家糖料产业技术体系甘蔗栽培岗位科学家（CARS-170206）；广西农业科学院科技发展项目（2015YT30，2015YM38，2016YM61）；广西创新驱动发展专项资金项目：甘蔗优良新品种选育及推广（桂科AA17202042）；广西甘蔗创新团队（栽培岗）项目；蔗糖产业省部共建协同创新中心——创新团队3（甘蔗高产高效栽培技术）项目；国家"星火计划"项目（2014GA790004）等的资助，特此感谢！

由于作者水平有限，不妥之处在所难免，敬请读者批评指正。

编　者

2020 年 1 月

目　录

前言

1

第一部分
甘蔗主要营养元素诊断

　　过去一些年来，甘蔗施肥存在较大的盲目性，表现为施肥量大，肥料利用率低，严重影响种植甘蔗的效益。为了充分利用现代作物施肥管理的研究成果，从甘蔗主要营养元素诊断出发，了解甘蔗对养分吸收的规律、甘蔗种植区土壤养分状况及各种施肥模式的比较效益，给出甘蔗轻简施肥模式，可有效提高甘蔗生产效益。

　　如何科学地对甘蔗主要营养元素的状态进行诊断，这对于正确确定甘蔗施肥量是十分重要的。施肥量不足，甘蔗往往不能正常发育，更不用说获得高产；施肥量过高，不仅养分流失和造成浪费，而且还容易使甘蔗中毒。但是，要正确确定甘蔗施肥量是很难的，目前还远远不能说已经完全解决了这个问题。

　　为了科学确定施肥量，相关专家给出了各种不同的方法，归纳起来可分为三类：甘蔗根茎叶外表诊断、土壤测定和田间试验。这三类方法各有特点，如甘蔗根茎叶外表诊断是根据甘蔗的缺肥症状和对甘蔗根茎叶养分分析，确定甘蔗实际吸收的营养元素数量；土壤测定是测定土壤中能够提供甘蔗吸收的营养元素数量；田间试验则提供甘蔗获得优质高产所需的最佳营养元素施入量。甘蔗根茎叶外表诊断和土壤测定所获得的结果往往是有出入的，应当互相参照。一般都根据农田试验来最终确定。

在确定施肥量时，还要综合考虑其他一些因素。例如，施肥过程中的各种制约关系，包括各种营养元素之间的相互制约，营养元素和灌溉水量之间的相互制约，营养元素和甘蔗新品种之间的相互制约等。除此以外，营养元素在自然界中的循环也起着一定的作用，不能忽视。

为此，了解甘蔗生长发育阶段对正确采样有帮助。

幼苗期：自蔗芽萌发出土后有 10% 发生第一片真叶起，至 50% 的幼苗有五片真叶止，称为幼苗期。

分蘖期：自有 10% 的幼苗分蘖到全部蔗苗开始拔节，蔗茎平均生长速度在每旬 3cm 以下，即从分蘖开始至分蘖基本结束这段时间，称为分蘖期。

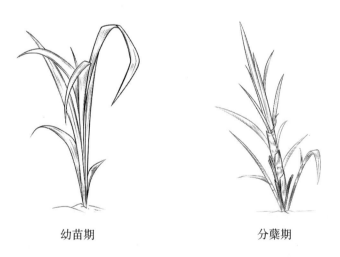

幼苗期　　　　　　　　　　　　分蘖期

伸长期：从甘蔗拔节开始，且蔗茎平均伸长速度达每旬 3cm 以上时起，至伸长基本停止这段时间，称为伸长期。

伸长期

成熟期：指蔗茎中蔗糖分积累达到最高峰，蔗汁纯度达到最适于工厂压榨制糖的这段时间。

成熟期

一、甘蔗营养诊断

当甘蔗不能从土壤中得到足够的营养元素时，它们的外表和生长状况便会发生变化，产生各种症状。甘蔗缺乏不同营养元素时出现的症状均有不同，因此研究甘蔗各部位（主要是叶片）出现的症状，常常可以大致判断该甘蔗是否缺肥以及缺乏何种肥料。这种诊断方法也称为外观诊断法。

在进行田间叶片营养诊断（外观诊断法）时，一般推荐采用下列诊断程序：

（一）下部成熟叶片出现最显著症状

1. 症状一般波及整株甘蔗，尤其是下部叶片出现枯萎

（1）若整株甘蔗呈淡绿色，下部叶片呈黄色乃至枯萎成淡褐色；且在生长后期出现缺素症状时，茎秆短细——缺氮。

（2）若整株甘蔗呈深绿色，叶尖（或部分叶片）带红色或紫色，下部叶片呈黄色乃至枯萎成褐色或黑色；且在生长后期出现缺素症状时，茎秆短细——缺磷。

（3）若甘蔗生长过程中下部（外部）叶片经常出现枯萎并波及嫩叶，伴有叶脉发黄和膨胀，叶边卷起，叶片周边和叶尖枯死——缺钾。

2. 症状一般局限于部分甘蔗体，尤其是下部叶片起斑点或发黄，部分叶片枯死，但几乎完全没有枯萎倾向

（1）若叶片出现斑点或发黄，常常还呈红色，部分叶片枯死，叶尖和周边向上卷起，使叶片形成杯状，茎秆变细——缺镁。

（2）若叶片出现斑点（组织坏死的斑点）或发黄，并且：

①叶片坏死部分在叶尖和叶脉之间以小点状分布，而叶片周边斑点较大，茎秆变细——缺钾。

②若坏死斑点先是在叶脉间小区内，然后迅速扩大到二次叶脉，有时还波及中肋，叶片变厚且叶片节间变短——缺锌。

（二）新生叶片症状显著，症状仅局限于部分植株

1. 幼叶尖端和根部变形，有时茎秆顶部枯死

（1）若茎秆顶部新叶先卷曲成钩状，有时叶尖和周边组织坏死，最终茎秆顶部枯死——缺钙。

（2）若茎秆顶部新叶的根部变为淡绿色，有时部分坏死；且在生长后期叶片卷起，茎秆顶部部分枯萎——缺硼。

（3）若叶尖先枯萎，出现特有的褪绿现象，然后呈青铜色而坏死，有时还波及整个叶片——缺氯。

2. 茎秆顶部一般不枯萎

（1）若新叶枯萎，出现斑点或显著变黄；严重时茎端处枯萎，常常瘫软——缺铜。

（2）若新叶变黄但不枯萎，并且：

①叶片的一面上有小的枯死斑点，一般最细的叶脉还残留绿色，可以见到叶片的网目——缺锰。

②通常不出现枯死斑点，但若：

新叶变黄波及叶脉（叶脉变淡绿色）——缺硫。

新叶变黄不波及粗叶脉（叶脉仍呈深绿色），茎秆短细——缺铁。

（三）症状最初出现在根和茎的端部

症状在老组织内不常出现：

（1）茎肥厚和木质化，甘蔗生长迟缓；根端枯死和脱落，残根端部生成小球状鼓起物；新叶萎黄，但老叶绿色；新生长部位容易折断，严重缺素时顶芽会枯死——缺钙。

（2）新叶色淡，发脆，渐渐变形；节间短，枝端显著成玫瑰花结状，顶芽枯死，下方芽伸长——缺硼。

（四）症状有局限性

1. 生长受抑制，叶萎黄

（1）叶伸长不充分，呈漂白过的萎黄状；整株甘蔗生长显著受抑制；大多发生在有机质多的土壤和泥炭土中——缺铜。

（2）生长放慢，茎变细，纤维质坚硬；叶色黄绿，显著时全部变成黄色；最初根部比地上部发育好，但最后发育中止，变褐色而枯死——缺氮。

（3）下部叶片变厚且坚硬，呈黄绿色；茎坚硬且木质化，伸长显著，呈纺锤形；根比较发达——缺硫。

2. 生长受抑制，叶不萎黄

茎变细且木质化，叶小呈深绿色，多数甘蔗叶里面带红紫色；细根发育显著受抑制；果实成熟推迟——缺磷。

外观诊断方法的优点是简单、不用仪器设备和化学药品，可以迅速判断甘蔗的营养状态。问题是各种营养元素缺乏的症状常常不易区别，容易误断；另外，气候、土壤及病虫害等的影响也常常混同一起，难以区分。对此，举例如下：

（1）气象条件的影响

①低温：叶呈红紫色，似缺氮和缺磷。

②干燥：生育受抑制，在无缺素症时叶呈青绿色，似氮过多；叶边烧卷，似缺钾。

③风害：叶边干燥而烧卷，似缺钾。

（2）土壤条件的影响

①排水不良：叶变黄，呈红紫色，似缺氮和缺磷，也有发生似缺锰和缺铁的萎黄。

②与其他营养元素的关系：也有氮过多发生缺钾，钾过多发生缺镁的情况；硼和氯化钠过多会使叶边烧卷，似缺钾。

（3）病虫害

侵害根和茎的病虫害使叶变黄或呈红紫色，似缺氮和缺磷；使叶边烧卷，似缺钾；生长点附近的叶扭卷，似缺硼和缺钙。另外，有的病害症状和缺素症状相似。

（4）其他

①叶的机械损害：叶被机械切断后，断面附近呈红紫色，似缺磷。

②药害：叶变黄，似缺氮；叶边和叶脉间变褐色，似缺钾和镁。

③肥害：叶边和叶脉间变褐色，似缺钾。

（五）主要营养元素的缺素症状及其在叶片的含量

1. 缺氮

甘蔗缺氮植株瘦弱，茎呈浅红色，叶尖和边缘干枯，老叶淡红紫色。缺氮初期叶片呈黄绿色，叶硬而直，老叶的尖和边缘变成棕色或干枯状；分蘖少，主茎瘦弱，色泽枯槁趋红，顶部叶片出现丛生状。

由于甘蔗缺氮就会失去绿色，且蛋白质在植株体内不断合成和分解，氮也随之从老叶转移到新叶中，所以缺氮甘蔗植株的田间表现为：老叶均匀发黄，生长矮小细弱。

氮过量时营养生长旺盛，色浓绿，节间长，腋芽生长旺盛，易倒伏，贪青晚熟，对寒冷、干旱和病虫的抗性差。

正常甘蔗叶片含氮 0.53%～1.80%，随甘蔗生长量的增加，养分在植株体内的稀释效应明显，甘蔗成熟期含氮量仅为 0.53%。甘蔗缺氮，叶片含氮的临界值为 0.45%。

2. 缺磷

甘蔗缺磷茎秆瘦弱，节间短，新叶较窄，色泽黄绿，老叶尖端呈干枯状。根群不发达，生长缓慢，分蘖少。地上部分生长差，蔗节短小，初期叶片明显呈绿蓝色，以后变为黄绿色，叶尖及叶缘干枯，有些叶片可呈明显的紫色和不正常的挺直姿势。甘蔗严重缺磷时，植株叶片很窄且产生大量的白色斑和雀斑。

由于磷在甘蔗植株体内的活动性很强，容易从衰老组织转移到幼嫩组织中，所以缺磷症状首先在老叶上出现。缺磷甘蔗植株田间表现为：矮小、苍老；叶小，呈灰绿色，无光泽；茎叶常出现紫红色。

磷过量甘蔗叶片肥厚密集，叶色浓绿；植株矮小，节间过短，营养生长受抑制，繁殖器官加速成熟；地上部生长受抑制而根系非常发达。磷过量会导致缺锌、锰等元素。

甘蔗苗期含磷量为最高，0.21%，成熟期含磷量降至0.17%。甘蔗缺磷，叶片含磷的临界值为0.10%。

3. 缺钾

甘蔗缺钾茎秆较短，幼叶浓绿，后渐变为灰黄色。老叶尖端与边缘焦枯，叶面有棕色条纹和白斑，中脉组织有时出现许多红棕色条斑，局部死亡，进一步发展为坏死斑和叶缘坏死，称为"火灼"。

由于钾在甘蔗植株体中活动性很强，容易从衰老组织向幼嫩组织转移，缺钾甘蔗植株田间表现首先是老叶的叶尖和叶缘发黄焦枯，逐渐向叶脉间组织扩散，症状由下部叶片向上部叶片蔓延。

钾过量现象十分罕见。

甘蔗拔节期含钾量为最高，1.60%，成熟期含钾量降至0.75%。甘蔗缺钾，叶片含钾的临界值为0.50%。

4. 缺钙

甘蔗缺钙生长缓慢，新出叶片极为柔弱，生长点很快死亡。老叶绿色减退后出现诸多红棕色斑点，这些斑点中间出现枯腐区，并逐渐扩展使整片叶枯腐死亡。

因为钙在甘蔗植株体内易形成不溶性钙盐沉积而固定，所以它是不能移动和再度利用的。缺钙造成顶芽和根系顶端不发育，呈"断脖"症状，幼叶失绿、变形、出现弯钩状。严重时生长点坏死，叶尖和生长点呈果胶状，根常常变黑腐烂。甘蔗缺钙往往不是土壤供应不足，而是甘蔗对钙的吸收和转移受阻而出现的生理失调。

甘蔗拔节期含钙量为最高，$1.30\%\sim2.20\%$，成熟期含钙量降至 $0.35\%\sim0.45\%$。甘蔗缺钙，叶片含钙的临界值为 0.25%。

5. 缺镁

甘蔗缺镁，首先在老叶脉间发生小的缺绿斑，后为棕褐色，均匀分布在叶面，后融合为大块锈斑，以致整个叶片呈锈棕色，茎细瘦。

镁在甘蔗植物体内与无机阴离子和苹果酸、柠檬酸等有机阴离子相结合，它在甘蔗植物体内的移动性很好。所以缺镁症状首先出现在中下部衰老叶片上。表现为叶脉间失绿，呈黄色、青铜色或红色，而叶脉仍保持绿色，近似于"肋骨状"或"鱼骨状"。进一步发展，整个叶片组织全部淡黄、变褐、坏死。

甘蔗拔节期含镁量为最高，$0.20\%\sim0.60\%$，成熟期含镁量降至 $0.10\%\sim0.15\%$。甘蔗缺镁，叶片含镁的临界值为 0.07%。

6. 缺硫

甘蔗缺硫，幼叶失绿，呈浅黄绿色，后变为淡柠檬黄色并略带淡紫色，老叶紫色浓，植株根系发育不良。

硫虽然不是叶绿体组分，但它参与合成叶绿素的过程，因此缺硫甘蔗植株叶色淡绿，严重时叶色黄白。因为硫在甘蔗植株体内移动性差，所以缺硫症状首先在作物顶端和幼芽出现，叶片均匀失绿，类似缺氮症状，容易误诊。两者不同的是缺氮失绿首先表现在老叶，而缺硫失绿先发生在新叶。

甘蔗拔节期含硫量为最高，0.15%～0.25%，成熟期含硫量降至0.10%～0.15%。甘蔗缺硫，叶片含硫的临界值为0.03%。

7. 缺锌

甘蔗缺锌，叶脉维管束鞘细胞的叶绿素损失而致叶脉处呈浅绿色，即叶片上浅绿条与深绿条相间。出现此症状会导致叶变形，缩小叶面积；叶中部宽，顶端窄，基部叶梢窄等症状。

锌在甘蔗植株体内不能迁移，因此缺锌症状首先出现在幼嫩叶片和其他幼嫩器官上。缺锌甘蔗叶脉间失绿，成为黄斑花叶。茎节变短，叶片变小、变窄、变厚，小叶丛生，称为小叶病。叶片早落，生长受阻。

锌中毒一般症状是甘蔗幼嫩部分或顶端失绿，呈淡绿或灰白色，进而在茎、叶柄、叶的下表面出现红紫色斑点，根伸长受阻。

甘蔗正常含锌量为10～25mg/kg。甘蔗缺锌，叶片含锌的临界值为5mg/kg。

8. 缺硼

甘蔗缺硼，幼叶出现小而长的水渍状斑点，方向与叶脉平行，后成条状，叶背面还常出现一些瘤状突起体。后期叶片病痕中部呈深红色，叶片锯齿的内缘开裂，茎上现狭窄的棕色条斑。

缺硼现象相当普遍，而施硼又很容易过量，硼在缺乏和过量之间余地很小。

因为硼能影响细胞发育、淀粉的合成和转运，所以缺硼阻碍幼嫩组织生长发育。硼不易从衰老组织向新生组织转移，缺硼首先是顶芽停止生长。严重时生长点坏死，侧芽、侧根萌生，枝条丛生，植株生长畸形。缺硼幼叶变为淡绿，叶基比叶尖失绿更多，如果继续生长，叶片偏斜扭曲，变厚、粗糙、萎蔫或卷叶，出现紫色斑块。叶柄和茎变粗、开裂或水渍状。果实或块茎褪色、开裂、木栓化或腐烂。缺硼限制开花和果实发育，蕾而不花，花而不实，花期延长。缺硼的肉质根内部出现褐色坏死，开裂。

高浓度硼积累部位易出现失绿、焦枯坏死症状。叶缘最容易积累硼，所以硼中毒最常见的症状是叶缘出现规则黄边。老叶中硼积累比新叶多，症状更重。

甘蔗正常含硼量为 3.5～6.6mg/kg。甘蔗缺硼，叶片含硼的临界值为 1.0mg/kg。

当外观诊断法不能诊断时，可以采用给予营养元素的诊断方法。这种方法的原理是，将怀疑缺乏的元素配成溶液，涂布在叶面上或注入茎和根中，根据甘蔗的恢复程度来断定甘蔗缺乏何种营养元素。据报道，这种方法对微量营养元素特别有效。涂布法主要对果树有效，注入法主要对草本植物有效。涂布法最少只需涂布一片叶子，若涂布新叶，由于吸收快，见效也快，处理 10～14d 后即可得结果。具体说，可将含有硫酸铁、硫酸锰、硼酸等微量营养元素的盐类配制成 0.5% 的溶液，加入分散剂后涂布。用这种方法也可以诊断是否缺乏氮、磷和钾，但对镁，由于短时间内不能充分吸收，因而使用这种方法，诊断比较困难。

但是，要正确知道甘蔗的缺肥状况，并做出相应的推荐施肥量，一般需要采用甘蔗分析的诊断方法。

甘蔗分析所依据的原理是甘蔗体内的营养元素含量可以综合反映各种因素对甘蔗的影响。分析的主要目的是通过测定甘蔗的营养元素含量，确定甘蔗的营养状况，即确定甘蔗对各种营养元素的需要程度，从而确定施肥的种类和数量。在进行甘蔗分析时，可以把甘蔗看作是从土壤中萃取营养元素的萃取剂，因此甘蔗分析应当具有很高的精确度。但是，甘蔗分析也有它的局限性：首先，由于甘蔗各个生长阶段对各种营养元素的需要及需要量并不相同，因而甘蔗体内的营养元素含量是随甘蔗生长过程而变化的。其次，甘蔗含有的营养元素随施肥量而变化，但其中并不一定成比例关系，如甘蔗极其缺肥时，施用肥料见效很快，然而甘蔗体内营养元素的含量开始时可能仍然很低，随着施肥量增加，它们的含量随之增加；当施肥量超过甘蔗达到高产所需要的数值时，营养元素在甘蔗体内便会达到很大浓度，造成甘蔗"吸收过度"，则产量可能因施肥量增加反而下降，进一步增加营养元素量便会产生中毒现象。第三，甘蔗体内的营养元素含量还和其他栽培条件如甘蔗品种、灌溉状况和土壤温度等有关。最后，营养元素之间互相存在干扰现象。一个完整的甘蔗分析过程包括以下几个步骤：

（1）取样；

（2）样品制备；

（3）样品分析；

（4）推荐施肥量。

取样：甘蔗分析的取样是很复杂的，需要熟练的技巧。对选择样品的要求是应当具有代表性。取样不当，分析结果便不能反映真实情况。

取样最好取叶片，通常取甘蔗顶端下部主茎上的成熟叶片。叶片不应被土壤或尘土玷污、被虫咬伤、机械损伤和发生害病等，叶片也不应受潮、受热。取样时间最好是在甘蔗开始它们的生殖阶段之前或刚开始时，因为甘蔗工艺成熟期营养元素含量发生变化较大。

样品制备：取得的样品要经过一定的处理才能提供分析。处理过程包括漂洗、干燥、研磨、再干燥4个步骤。

①漂洗。漂洗的目的是除去样品上的尘土、肥料和农药等玷污物质，以免影响分析结果。

甘蔗推荐的取样时间是每年的 4～6 月，取样部位是顶端第3～4 片健全叶，取样数量为 15～25 张叶。

漂洗时先用 0.1％～0.3％ 的洗涤剂（各种洗涤剂均可）溶液，然后用清水漂净。不过漂洗时间不能太长，否则会引起部分营养元素如钙、钾的流失。

②干燥。漂洗后的样品应当尽快地干燥，以尽量减少样品中发生化学和生物学变化。干燥时间不能太长，温度不能太高，否则会影响分析结果的真实性。根据试验结果，推荐采用 65℃ 的干燥温度，这时虽然有一些热分解损失，但甘蔗组织内的酶已完全停止活动，干燥后的样品贮存 2 个月也不会发生变化。干燥一般在无尘强制通风的电烘干箱中进行，不推荐进行空气干燥。

③研磨。样品研磨后容易获得均匀的组成，分析也容易操作。样品数量较小时进行人工研磨，但通常都采用各种粉碎机。选择粉碎机时最重要的考虑因素是不能使样品受到玷污，这对分析微量营养元素尤其重要。研磨过程中需要注意的另一个问题是研磨必须均匀。因为不同粒度样品之间，营养元素的含量常常有差异。如将未经漂洗的甘蔗叶的研磨产物分成 20 目、40 目、60 目和 100 目 4 个部分，发现它们的铁（Fe）和锌（Zn）的含量很不相同，100 目样品中的含量竟为未筛分样品的 4 倍。

④再干燥。样品在研磨过程中又可能从空气中吸收水分，分析前要再次进行干燥，直至恒重。由于粉状样品更容易引起热分解，因而必须严格控制温度和时间，一般推荐在 65℃下干燥 24h。

对样品进行分析前的保存问题的研究表明，样品在冷冻条件下（−5℃）保存，损失最小。如敞口保存，即处于空气干燥的条件下，在最初 1～2d 内新鲜样品没有太大的分解损失，不过样品会难以漂洗。密封（如在聚乙烯袋中）保存应当避免，因为容易引起分解损失。经过干燥的粉末样品可以较长时间保存，但不要超过 2 个月，否则也要进行冷冻保存（−5℃）。

推荐的样品制备方法：将取得的样品放入敞口容器例如布袋中，尽快送到实验室（若时间超过 2d，则采用冷冻输送）。在实验室中，将样品放入聚乙烯袋于冷库贮存。每隔一段时间从冷库中取出一个样品，用浸湿 0.1%洗涤剂溶液的棉花团进行擦洗，然后用清水漂洗 2 次。洗完后揩去残水，将样品放入清洁布袋，悬挂在强制通风的电烘干箱内，在 65℃下干燥

48h。干样品在玛瑙球磨机中研磨到200目左右。研磨得到的粉末放入干净瓶中，再在65℃下干燥24h，所得样品可供称量分析，或在冷冻条件下贮存于密封瓶中，供以后分析取用。

样品分析过程分为两步：样品灰化和元素分析。

①样品灰化。灰化的目的是破坏甘蔗体内的有机物质，而留下的灰分供元素分析。在国外，灰化又有两种方法，即干法和湿法。干法的优点是简单，适于测定钙（Ca）、镁（Mg）、钾（K）和钠（Na）、硼（B）。采用放射光谱分析时，一般采用干法灰化。湿法比较花时间，并且有损失和沾上某些元素的可能，但适于测定磷（P）和其他微量营养元素。在应用比色法、火焰发射法或原子吸收光谱法分析时，一般选择湿法灰化。

推荐的干法灰化操作方法：在预先称重的高壁坩埚内放入干燥粉末样品。每测定一种元素需5～10g，用煤气灯慢慢加热使之碳化。然后移入马弗炉，在300℃下继续灰化。当看不到发红的炭后渐渐升温到500～550℃，直至灰化完毕。好的灰化产物呈灰白色或灰色，只有少量未燃炭，可能稍有烧结。

湿法灰化采用各种酸（H_2SO_4、HNO_3、$HClO_4$ 或其混合物）来破坏甘蔗体内的有机物质。使用硫酸灰化的操作方法如下：

在坩埚中放入5g干燥的粉末样品，加入5mL浓硫酸，用玻璃棒搅匀，搁置过夜。在这段时间内物料渐渐变为半液态。将坩埚放在电热板上慢慢加热，直到物料炭化。在物料快干时用玻璃棒打碎结块，用无灰滤纸擦净玻璃棒将滤纸放入坩埚然后加热，尽可能除净硫酸。最后将坩埚送入马弗炉，在500～530℃下保持2h，直到所有的炭烧尽。大部分灰化产物呈灰色，但含钾量高的灰化产物呈白色。

②元素分析。分析灰分中元素含量的方法很多，这些方法及参考文献列于表1。比色法是最早采用的方法，现在已经加以改进，同时又采用了许多新的化学分析法。在这些方法中不能说某一种方法一定优于另一种方法，但大部分分析采用比色法、火焰发射法、原子吸收光谱法或者直接读数的发射光谱法。近来，一些国家对氮（N）、磷（P）、钾（K）、钠（Na）、钙（Ca）、镁（Mg）的分析方法进行了试验，发现凯式法测氮、火焰光谱法测钾和钠、磷钒钼络合物法测磷、络合法测钙，以及原子吸收光谱法测镁，都可以获得最好的结果。

上面介绍的是实验室使用的方法。在农田距实验室较远、样品运送不便的情况下，则应选用简易分析法。这种分析方法虽然是半定量的，但操作简便，得到结果快，可以在田间进行。

如测 $NO_3 - N$ 的方法有两种：二苯胺法和布雷法。

二苯胺法：用 1.0g 二苯胺溶解于 100mL 浓硫酸中得到的溶液作试剂，测定方法如下：

将甘蔗样品用小铁钳夹压榨取 1 滴液汁（约 0.03mL）置入滴试板上，滴入试剂 3～4 滴，液汁（$NO_3 - N$）就会变成蓝色。将其和预先制备的标准（溶液）比色卡（$NO_3 - N$：50，100，250，500mg/L）对比，便可测出 $NO_3 - N$ 的浓度。浓度越低，反应越灵敏。

比色法：比色法的试剂比较复杂，分别取 100g $BaSO_4$、10g $MnSO_4 \cdot H_2O$、2g 锌粉、75g 柠檬酸、4g 磺胺酸、28g 苯胺，把其中的固体试剂研成粉末后，将 $MnSO_4 \cdot H_2O$、锌、磺胺酸和苯胺分别与一部分 $BaSO_4$ 混合，再将余下的 $BaSO_4$ 和柠檬酸加入，充分混合。混合试剂要避光密封保存。测定方法如下：

表 1　各种分析方法及有关参考文献

分析方法	参考文献
比色法	Piper C S，1950. Soil and Plant Analysis. Hassell Press. Jackson M L，1958. Soil Chemical Analysis，Prentice – Hall，Inc. Johnson C M，1959. Ⅱ Analytical Methods for Use in Plant Analysis. Calif. Agr. Exp Chem，5：742 – 745.
火焰发射法	Btrneking A D，1957. J. Agr. Food Chem.，14：28A – 42A. Pickett E E，1969. Analy. Chem.，14：28A – 42A. Walsh L M，1971. Instrumental Methods for Analysis of Soils and Plant Tissue. Soil Sci. Soc. Amer.
原子吸收光谱法	Bradfield E G，1965. L. Sci. Food Agr.，16：33 – 38. Brech F，1968. J. Ass. Offic. Anal. Chem.，51：134 – 136. Smith M W，1971. Comm. Soil Sci. Plant Anal.，2：249 – 258.
发射光谱法	Mitchell R L，1956. The Spectrographic Analysis of Soils，Plants and Related Materials，Tech. Comm，№ 44，Commomulealth Bureau of Soils，England. Kenulorthy A L，1960. Proc. 36th Ann. Mtg.，Council on Fertilizer Application. Baker D E，1964. Agron. J.，56：133 – 136. Christensen R E，J. Ass. Offic. Anal. Chem.，51：1003 – 1010. Jones J B，1969. J. Ass. Offic. Anal. Chem.，52：900 – 903.
质谱法	Evans C A，1968. Anal. Chem.，40：869 – 875. Yurachek J P，1969. Anal. Chem.，37：1666 – 1668.
X 射线荧光法	Dixon J B，1964. Soil Sci. Soc. Amer. Proc.，28：744 – 746. Alexander G V，1965. Anal. Chem.，37：1671 – 1674. Jenkins R，1966. Analyst，91：395 – 397.
中子活化分析法	Haller W A，1968. J. Agr.，Food Chem.，16：1036 – 1040. Shibiya M，1968. Radioisotopes，Tokyo.，13：39 – 45.
极谱法	Sirois J C，1962. Analyst.，87：900 – 904.

将样品用小铁钳压榨，取 1 滴液汁放入滴试板，加入少量（30mg 左右）混合试剂，用玻璃棒搅匀。根据溶液稳定时（约 1min 后）的颜色即可判断 $NO_3 - N$ 的浓度。$NO_3 - N$ 浓度低时呈淡桃色，浓度高时变为红色。

测定磷（$P_2O_5 - P$）可以采用农田法。该法用 3 种试剂：①5g 钼酸铵溶于水中，再加入 35mL 6.3mol/L 硝酸配成的溶液；②0.05g 联苯胺溶于 10mL 冰醋酸中，再加水到 100mL；③醋酸钠饱和溶液。测定方法如下：

在不含磷（$PO_4 - P$）的滤纸上依次各滴入 1 滴钼酸铵溶液、甘蔗液汁、联苯胺溶液和醋酸钠饱和溶液，最后出现青色。根据颜色深度可以判断甘蔗的（$PO_4 - P$）浓度。

测定钾可以采用六硝基二苯胺法。该法用 2 种试剂：1% 六硝基二苯胺水溶液和 2mol/L HCl。测定方法如下：

在滤纸上依次滴 1 滴六硝基二苯胺溶液、1 滴甘蔗液汁和几滴盐酸。可以根据出现红色的深浅来判断甘蔗的钾浓度。

推荐施肥量，通过分析来确定甘蔗的营养状况时，首先需要获得一个所谓"临界浓度"。在甘蔗体内营养元素含量低于该临界浓度时，往往就要显示一定程度的缺肥症状，此时就需要施入一定量的肥料。临界浓度通常是通过试验得到的。试验时采用溶液栽培技术，即将甘蔗栽培在各种溶液中，使它们获得不同程度的营养：从极其缺乏、中等程度缺乏一直到十分充足，然后根据它们的产量和各种营养元素的供应情况来确定每种营养元素的临界浓度。不管甘蔗根系是在土壤中发育还是在溶液中发育，肥料对甘蔗的肥效并无很大差异，因此由溶液栽培测得的临界浓度值也适用于田间。

甘蔗体内的营养元素含量和甘蔗产量之间有一定的相关性，其相关性曲线可分为3个部分：有缺肥症状，或有或无缺肥症状，无缺肥症状。在第一部分（有缺肥症状），随着营养元素吸收量的增加，甘蔗产量增加，但体内营养元素含量变化很小。在第二部分（过渡区），随着营养元素吸收量的增加，甘蔗产量和体内营养元素含量都增加。在第三部分，施加营养元素后甘蔗体内浓度增加，但产量不再增加。在过渡区，相当于比最高产量低10％的地方，一般位于过渡区的转折点或中点。过渡区越陡，即缺肥和不缺肥症状间的范围越狭窄，临界浓度也越有用。

通常对甘蔗的各部位和各种营养元素之间都作出图曲线，以供分析甘蔗时做对比用。当甘蔗体内营养元素浓度低于临界浓度时，施肥可以增加产量；反之，施肥不见得有用。

表2为甘蔗各营养元素的临界浓度及分析结果，低于临界浓度，则表现出不同程度的缺素症状。

表2 甘蔗的临界浓度和甘蔗分析结果

营养元素	取样部位（从顶上算起）	临界浓度（mg/L）	无缺素症状范围（mg/L）
B	叶片2～6	1	2～3
Ca	叶片3～6	0.35％	2～3
Cu	叶片3～6	5	5～10
Fe	叶片3～6	24	25～70
Mg	叶片3～6	35	40～100

（续）

营养元素	取样部位 （从顶上算起）	临界浓度 （mg/L）	无缺素症状范围 （mg/L）
Mn	叶片 3～6	0.08	12～70
Mo	叶片 3～6	0.05	0.05～4
N	叶片 3～6	0.45%	0.52%～1.8%
	节间 8～10	0.25%	0.3%～1.5%
P	叶片 3～6	0.10%	0.12%～0.21%
	节间 8～10	0.05%	0.06%～0.2%
K	叶片 3～6	0.50%	0.6%～1.6%
	节间 8～10	0.3%	0.4%～0.9%
S	叶片 3～6	0.07%	0.08%～0.09%
Zn	叶片 3～6	10	10～100

注：Zn 的临界浓度值随 Fe/Mn 值变化而变化，当 Fe/Mn＞1 时，此值可能低于 10mg/L。

二、土壤测定

如前所述，土壤中存在的营养元素并非全部都能被甘蔗吸收利用，因为他们往往以各种不溶于水或弱酸的结合形态存在。土壤测定的目的就是检测出土壤中能被甘蔗吸收利用的营养元素，求得其中有效营养元素的含量，从而确定土壤中营养元素缺乏或是过量的程度，并根据甘蔗特性给出推荐施肥量。

一个完整的土壤测定规程包括如下步骤：

（1）收集土壤样品；

（2）对土壤样品进行提取和化学分析；

（3）校正和说明分析结果；

（4）推荐施肥量。

土壤样品收集：收集的土壤样品必须具有代表性，只有正确采取土样，才能获得科学的结果。为此，土壤采集需要注意以下几点。

第一，结构不同的或者施肥量和甘蔗产量不同的土壤应当分别取样。每个样品只能代表一块"均匀"的土壤，即颜色、结构和深度相似的土壤。这种区分完全是人为的，每块均匀土壤的范围也是人为规定的，推荐值一般为 $2.0\sim8.1hm^2$。土壤均匀程度越高，取样田块的范围也可以越大。一般地说，一块耕地往往要采取几处的土样。

第二，取样要有足够的深度。通常取样深度要相当于耕作层的深度。一般非耕作土壤取样深度为 15cm，耕作土壤取样深度为 $15\sim25cm$。为了更好地判断土壤特性，有时从深达 $30\sim45cm$ 的下层土壤中取样。在特殊情况下则需取更深的土样，例如，测定钠和氯时可能取 $30\sim120cm$ 深处的土样，因为氯化钠等盐类经常在土壤中不断随毛细管水上升，取样太浅不能真实说明它们的含量状况。

第三，取样要有足够的取样点。一般每个土样需要从 $20\sim25$ 个取样点钻取土壤来混合配制。关于取样点的数目并没有公认的标准，而是根据不同情况而定。施肥少的土壤，取样点可以少些，而经过多年大量条施肥料的土壤，取样点可能需要最多。研究指出，从 $8.1hm^2$ 冲积土壤取样，需选 20 个点，$4hm^2$ 需选 15 个点，$2hm^2$ 需选 10 个点。在比较均匀的土壤上，每 2hm² 钻取 30 个土样，测得的磷（P）、钙（Ca）、钾（K）含量误差在 10％之内。

第四，取样要选择适宜的季节。土壤中的有效营养元素数量常常随土壤温度、湿度而变，因而在各个季节是不同的。这对测定磷和钾特别重要。随着甘蔗的生长，土壤中磷和钾被甘蔗大量吸收，测得的数量便越来越低。根据测定，从 4 月到 9 月，磷和钾的含量变化范围分别为 0～2.1mg/L 和 1～26mg/L（到 9 月达最低值）。但在冬季，由于不种植甘蔗或宿根蔗，部分钾和磷从不溶态转化为可溶态，补充了损失量，因而土壤中的含量在春季达到最大值。最好的取样时间是在秋收或春播前，即在营养元素浓度随季节变化到达最小值和最大值的时候。其他营养元素如钙、镁的可交换形态含量在一年中则没有什么变化。

第五，取样要采用合适的工具。常用的工具有取土钻、铲和锄等。应当满足下列要求：

①可以从每个取样点获取少量体积相等的泥土；

②容易清理；

③既适用于干的沙壤土，又适用于湿的黏土；

④耐腐蚀，结构合理，不会弯曲或破裂；

⑤使用方便，取样迅速。

从各取样点取得的土壤送回实验室进一步处理，制成土样，供测定用。

测定时用提取剂从取得的土壤中提取出营养元素。显然，溶剂的提取能力越是接近甘蔗根系分泌液的提取能力，它就越能反映甘蔗吸收的真实状况，它的实用价值就越大。当然要做到两者完全相符是不可能的，因此各种提取剂提取的营养元素量只能大致反映土壤中营养元素的可供情况，最后往往还需要通过农田试验来进一步校正。

另外，实践表明各种提取剂都有其特性，彼此之间没有互相的转换关系。简单地说，从每种测定方法获得的土壤营养元素含量和实际含量之间，都具有独特的对应关系，因而在表明土壤营养元素含量时，一般同时标明所用的提取剂或分析方法。

（一）氮的测定

测定土壤中的可供氮量是十分困难的，至今还没有令人满意的测定方法。一个原因是可供氮是由有机物质通过各种微生物的作用才能得到，而微生物的活动能力和许多因素有关，变化幅度很大。在实验室里用化学方法来模拟这些生物学过程几乎是不可能的。第二个原因是可供氮的主要形态硝态氮在土壤中不断流失，或发生反硝化和被微生物重新固定，从而使可供氮的数量经常变化。因此，目前提出的各种测氮方法都是极不完善的，获得的结果也是很有局限性的。

氮的测定分为两个部分：可供氮指数的测定和初生无机氮的测定。前者用来了解土壤向甘蔗供氮的潜力，后者则用来测定甘蔗根区或甘蔗种植期间土壤的实际可供氮量。由于土壤中有机物的供氮潜力不会逐年发生较大变化，因而可供氮指数不必每年测定；反之，初生无机氮必须每年进行测定。

可供氮指数的测定方法又可以分为生物学法（表3）和化学法（表4）两类。生物学法的优点是比较接近土壤真实，特别是充气培养的方法所用的细菌就是土壤中原有的细菌，因而所得结果应当是最为可靠的。然而，由于土壤温度、湿度和充气状况等因素的影响，实验室模拟所得结果仍然会和化学法有差异。

表 3　测定可供氮指数的生物学法

方 法	原理和过程	参考文献
充气培养法	在适宜条件下将土样充气培养 2～4 周，使细菌分解有机物，然后测定释放的铵态氮和硝态氮。 培养条件：温度为 30～35℃，湿度相当于每 10g 土样，6mL 水，加入 3 倍石英砂混合，增加透气性。	Bremner J M, 1965. Agromomy, 9：1324 - 1345. Mahendrappa M K,1966. Soil Sci. Soc. Amer. Proc, 30：60 - 62. Keeney D R, 1966. Agron J., 58：498 - 503.
嫌气培养法	在浸水的条件下将土样在 30℃下培养 7d。	Smith J A, 1966. Can. J. Soil Sci., 46：185 - 194.
藻类试验法	将藻类（丝状藻）加入土样，在 25℃下用荧光照射培养 8～11d。然后根据藻类产生的叶绿素来确定可供氮指数。	Tchan Y T, 1961. plant and Soil, 14：147 - 158. Cullimore D R, 1966. J. Sci. Food Agr., 17：321 - 323.
二氧化碳法	将土样添加 1% 纤维素，在 28℃下培养 3 周，测定释放的 CO_2 量。试验表明，CO_2 释放量和土壤可供氮之间有正比关系。	Cornfield A H, 1961. J. Sci. Food Agr., 12：763 - 765.

表 4　测定可供氮指数的化学方法

方 法	原理和过程	参考文献
高锰酸钾法	将土样在含高锰酸钾和碳酸钠的溶液中煮沸，测定释放的氨量。	Richard T A, 1960. Int. Congr. Soil Sci., Trans. 7th., Vol. II：28 - 35. Stanord G, 1968. Soil Sci., 105：320 - 326.

（续）

方　法	原理和过程	参考文献
加酸水解法	将 1mL 0.036mol/L 的 H_2SO_4 加入 1g 土样中，在蒸汽中加热至干燥，然后测定释放的氨。	Purvis E R，1961. J. Agr. Food Chem.，9：15-17.
加碱水解法	加碱使有机物中的蛋白氮分解，方法和加酸水解法相似。所用碱为 NaOH、Ba（OH）$_2$、Ca(OH)$_2$。	Cornfield A H，1960. Nature，187：260-261. Maclean A A，1964. Nature，203：1307-1308. Jenkinson D S，1968. J. Sci. Food Agr.，19：160-168.

　　生物学法要费很长的时间，这是该方法较大的不足。化学法只需要很短的时间，因而发展十分迅速。

　　无机氮特别是硝态氮的测定直到最近才得到重视，因为它的浓度低，并且经常发生变化。测定方法也分为生物学法和化学法两类。

　　生物学法使用黑曲霉（*Aspergillus niger*）。方法是将含有除氮以外的所有营养元素的营养液加入土壤样品，样品在 35℃下用黑曲霉培养 3d。取出真菌组织、干燥、称重，根据标准曲线来确定结果。

　　化学法测定铵态氮依据的原理是，在有机氮转化为硝态氮的过程中，控制有机氮向铵态氮转化，并阻止铵态氮进一步向硝态氮转化。但是，国外许多研究者指出，当土壤充气情况不良，例如在水田或密实土壤中，硝化过程减慢乃至完全停止，但铵化过程不受影响。在 pH 较低（<5.0）或较高（>8.0）时，有机氮的转化仅限于生成铵态氮。另外，控制温度也可以使某些土壤只发生铵化过程，不发生硝化过程。为了防止发生硝化，有些土壤需要高温，有些土壤需要低温。因此，利用各种化学手段可以测得土壤中的铵态氮含量。相关方法可以参见有关文献（Young R A，1967. Soil Sci. Soe. Amer. Proc.，31：407 - 410；Jenkinson D S，1968. J. Sci. Food Agr.，19：160 - 168）。

硝态氮的测定比较困难，因为它容易流失和挥发。但研究表明，在硝态氮含量和甘蔗产量之间有较好的对应关系，因而根据硝态氮的测定结果推测施肥量的做法正越来越引起人们的重视。采用的方法也比较多，最常用的是苯酚二磺酸法及其改良法。一些土壤实验室则采用联氨还原的方法（Kamphake，1967），还有采用变色酸进行快速分析（Sims，1971）。常规分析可用硝酸盐离子电极法（Dahnke，1971）。

（二）磷的测定

磷的测定比氮要容易得多，因为磷在土壤中的转化主要是化学过程，实验室模拟比较容易。

磷在土壤中的固定形态很多，不同的磷化合物可以通过各种离子的作用，将磷释放出来。相关研究结果汇总于表 5，表中显示某种离子对一定的含磷化合物特别有效，因而实际采用的提取剂多数是几种离子的组合。最常用的几种提取剂及其使用方法列于表 6。在国外，这 4 种提取剂的使用范围很广，约有一半以上的土壤用这些方法测定磷。研究表明，其中 $H_2SO_4 - HCl$ 型适用于阳离子交换量低、风化程度高和 Ca - P 含量低的土壤。对氧化铁和黏土含量高的土壤，则会使测定值偏低，因为这两种物质会中和酸。NH_4F – HCl 型可以精确测定中等到强烈风化程度及阳离子交换量从低到中等的土壤中的磷。

表5　用于分解不同固定态磷的各种离子

离子种类	主要分解的固定磷形态	备　注
氢（H^+）	Ca‐P＞Al‐P＞Fe‐P	
羟基（OH^-）	Fe‐P，Al‐P	
氟化物（F^-）	Ca‐P，Al‐P	有机物含量不能太高，主要以 $CaHPO_4$ 形态存在
碳酸氢根（HCO_3^-）	可交换磷	
醋酸根（Ac^-）	可避免释出磷再被吸附	
硫酸根（SO_4^-）	可避免释出磷再被吸附	

表6　几种磷提取剂的组成及使用方法

参　数	双酸法	布雷（Bray）法	摩尔根（Morgon）法	奥利森（Olsen）法
适用土壤	酸性，阳离子交换量低的沙质土	中等阳离子交换量的酸性土壤	中等阳离子交换量的酸性土壤	碱性土壤
取样体积（cm^3）	5	2.5	5	2
提取剂体积（mL）	25	25	25	50
提取剂组成	0.05mol/L HCl＋0.125mol/L H_2SO_4	0.03mol/L NH_4F＋0.025mol/L HCl	1mol/L NaAc（pH4.8）	0.5mol/L NaHCO₃（pH8.5）
振荡时间（min）	5	5	30	30
提取液测定方法	钼蓝	钼蓝	钼蓝	钼蓝

（续）

参　数	双酸法	布雷（Bray）法	摩尔根 （Morgon）法	奥利森 （Olsen）法
不稀释土壤 磷浓度范围 （kg/hm^2）	2～100	10～250	10～250	10～200
灵敏度 （kg/hm^2）	1	1	1	1
主要参考 文献	North Carolina Soil Test Div. Mimeo （1953）	Soil Sci.，39：39 （1945）	Cornell，Ag. Exp. Sta. Bul.， 960（1965）	USDA， Circular， 939（1954）

有些 Ca-P 不受影响，但土壤中含有游离 $CaCO_3$，或阳离子交换量大和碱饱和度高，则会降低这种提取剂的效果。当土壤阳离子交换量属中等到高、碱饱和度大、Ca-P 和游离 $CaCO_3$ 量属中等到高时，$NaHCO_3$ 可能比 H_2SO_4-HCl 和 NH_4F-HCl 更加有效。

由提取剂测得的浓度通常以毫克/升（mg/L）计。根据测得的浓度可将土壤中的磷含量分为低、中和高三个等级，见表7。不过这种区分是大略的和相对的，根据这些数值推荐施肥量时还要考虑甘蔗和土壤的特性。

表7　土壤磷浓度的区分

等　级	土壤可提取磷浓度（mg/L）		
低	0～16	0～15	0～5
中	17～37	16～30	6～10
高	＞38	＞30	＞10

根据报道，将奥利森法和摩尔根法测得的磷含量分成五个等级，称为含磷指标。根据这些指标可以大致估算出土壤对各种甘蔗供磷的可能性以及供磷的程度，见表8。实践表明，奥利森法用于确定甜菜的施磷量时特别成功。表9和表10是根据可溶于 $NaHCO_3$ 中的磷量将土壤分成几组，列出了相应的推荐施肥量，同时列出在各组土壤中施入 $75kg/hm^2$ 磷（P_2O_5）时的甘蔗增加产量，以供比较。从表9可以看出，对每公顷土地同样施 $125kg$ 磷（P_2O_5），缺磷（<10mg/L）土壤可以获得高产，富磷土壤（>46mg/L）会导致减产。

表8　土壤的含磷等级和可溶性磷含量

含磷等级	土壤可溶性磷含量（mg/L）		备　注
	奥利森法	摩尔根法	
0	0~9	0~2	不施磷肥，甘蔗要缺磷
1	9.1~14	2.1~5.0	不施磷肥，温室甘蔗要缺磷
2	14.1~24	5.1~10.0	谷物、豆类、牧草的正常需磷范围
3	25~44	11~20	根用甘蔗、水果、蔬菜的正常需磷范围
4	45~74	21~40	啤酒花的正常需磷范围
5	>74	41~70	温室甘蔗的正常需磷范围超过大多数甘蔗的需磷范围

在印度，土壤含磷量的充足与否是按照甘蔗来区分的。可溶性磷含量小于 6.5mg/L 的土壤，认为缺磷，6.5~16mg/L 范围内可能缺磷。对于马铃薯，小于 20mg/L 时认为缺磷；对于小麦和水稻，小于 8mg/L 时为缺磷，9~20mg/L 时为中等

含磷，大于 20mg/L 则为富磷。有的简单地将 10mg/L 可溶性磷作为划分土壤缺磷与否的界限。尽管各个国家或地区具体区分有所不同，但用于区分土壤缺磷（此时施磷可以使甘蔗获得较大增产）和不缺磷（此时仅需维持磷量）的界限都十分相似，见表 9。

表 9　甘蔗施磷量的确定

奥利森法测得磷量 （mg/L）	每公顷施 75kg 磷（P_2O_5） 甘蔗增产（kg/hm²）	推荐施磷（P_2O_5）量 （kg/hm²）
<10	5 309	105
11～15	2 300	75
16～25	1 500	45
26～45	500	30
>46	－125	0

表 10　用奥利森法来区分土壤的磷

甘蔗需磷特征	可溶于 $NaHCO_3$ 的磷量（mg/L）		
	缺磷	可能缺磷	不缺磷
需磷量小	≤4	5～7	≥8
需磷量中等	≤7	8～13	≥14
需磷量大	≤11	12～20	≥21

（三）钾、钙、镁的测定

钾、钙、镁的测定主要是测定它们在土壤储量中可供交换的那一部分，它们的测定方法相似。现将推荐的四种常用的测定方法列于表 11。除此以外，布雷法和奥利森法用于测定钾也很成功。当土壤含钾量较低时，布雷法测定数据似乎高于醋酸铵法，但在土壤含钾量较高时，两种方法的测定结果大致相似。当土壤含镁量较低时，布雷法也适用于测定镁，但不适用于测定钙。

表 11 土壤中钾、钙、镁的测定方法

参　　数		双酸法	醋酸铵法	摩尔根法	水萃取法
适宜土壤		酸性，阳离子交换容量低的沙质土	范围较宽	范围较宽	范围较宽
取样体积（cm^3）		5	5	5	5
提取剂体积（mL）		25	25	25	25
提取剂组成		0.05mol/L HCl＋0.012 5mol/L H_2SO_4	1mol/L NH_4OAc（pH7.0）		
振荡时间（min）		5	5		
提取液测定方法	钾	火焰发射光谱	火焰发射光谱	火焰发射光谱	火焰发射光谱
	钙、镁	原子吸收光谱	原子吸收光谱	原子吸收光谱	原子吸收光谱
不稀释土壤浓度范围（kg/hm^2）	钾	50～100	50～100	50～100	50～100
	钙	150～1 500	500～2 000	500～2 000	150～1 500
	镁	50～500	50～500	50～500	50～500
灵敏度（kg/hm^2）	钾	5	5	5	5
	钙	10	10	10	10
	镁	5	5	5	5

（续）

参　数	双酸法	醋酸铵法	摩尔根法	水萃取法
主要参考文献	North Carolina Soil Test Div. Mimeo（1953）	Soil Sci.，59：13（1945）	Cornell. Ag. Exp. Sta. Bull.，960（1965）	Amer. Soc. Argon. Pub.，No. 9，935（1965）

据报道，还可用硝酸铵溶液测定可交换钾量，并据此进行肥料推荐，见表12。这些数据对大部分土壤可能都适用。

对于大多数甘蔗，土壤缺钾与否的临界值大致是：在沙土和沙壤土中可交换钾量为45mg/L，在沙壤土和壤土中为60 mg/L，在粉沙壤土和黏土中为75mg/L，在石灰质土中为65mg/L。在含有机物质丰富的土壤中，由于它们的密度常常发生变化，因而营养元素含量应当以体积计。这类土壤，若表层厚20cm，土层内含量为350kg/hm²，则大致与壤土中100mg/L 的含量相当。

表12　土壤的含钾等级和可交换钾含量

含钾等级	可交换钾含量（mg/L）	备　注
0	0～60	不施钾肥，甘蔗会缺钾
1	61～120	不施钾肥，甘蔗会缺钾
2	121～240	甘蔗正常需钾范围
3	241～420	甘蔗仅需施少量钾肥
4	421～600	甘蔗不用施钾肥
5	601～840	甘蔗不用施钾肥

根据测得的土壤含镁量制定了含镁指标，见表13。

表 13 土壤的含镁等级和可交换镁含量

含镁等级	可交换镁含量 （mg/L）	备 注
0	0～25	大部分甘蔗、蔬菜、水果显示缺镁症状，需要施镁肥
1	26～50	甜菜、马铃薯、白菜、水果、甘蔗可能缺镁，需要施镁肥。谷物可能不缺镁
2	51～100	谷物和蔬菜不缺镁，若发生缺镁症状，可能是其他因素造成。水果和甘蔗可能需要施镁肥
3	101～175	甘蔗仅需施少量镁肥
4	176～250	甘蔗不用施镁肥
5	251～350	甘蔗不用施镁肥

研究表明，施镁量和施钾量有密切关系。当土壤中可交换钾量与可交换镁量之比大于 2 时，镁的吸收可能受到拮抗。这点对甘蔗和水果特别重要。有时尽管含镁指数大于 1，但若含钾量很大时，蔬菜仍然可能要施镁肥。以钾镁比（重量比）而言，蔬菜应当小于 3，甘蔗和水果应当小于 2。

（四）硫的测定

土壤中硫的来源很多且容易变化，因而判断其中所含可供硫的状态是十分复杂的。为此应用的提取剂种类较多，大致可分类如下：

用于测定易溶硫酸盐的提取剂有：冷水、$CaCl_2$（Barrow，1961）、LiCl。

用于测定易溶硫酸盐和部分吸附态硫酸盐的提取剂有：$Ca（H_2PO_4）_2$、KH_2PO_4（Fox，1964）、NH_4Ac、$NaAc ＋ HAc$（Byrne，1969）。

用于测定易溶硫酸盐、部分吸附态硫酸盐和部分有机硫的提取剂有：NaH_2PO_4 + HAc、Ca（H_2PO_4）$_2$ + HAc（Hoeff，1972）、$NaHCO_3$（Bardsley，1963）。

各种提取剂都有自己的适用范围，没有一种提取剂总是比另一种优越。一般认为，酸性溶液不宜用于石灰质土壤，中性盐溶液或水则适宜用于近乎中性的石灰质土壤，含磷酸盐的酸性溶液最适宜用于酸性土壤。

分析提取液中硫的方法有：重量法、比浊法、浊度测定法、滴定法、比色法、X 射线荧光法和原子吸收光谱法。使用比较多的提取剂是冷水和磷酸二氢钙，使用最广泛的分析方法是比浊法。近年来，贝特里（Bettany）等又提出了自动分析法。

表 14 是提供的几种提取剂测定结果的比较。测定方法是将 5g 经过空气干燥的土样在 25mL 提取剂中振荡 30min。结果表明，各种提取剂提取的硫量是很不相同的，即便对同一种土壤也是很不相同的。

表 14　几种硫提取剂的比较

土　壤	提取量（mg/L）			
	0.1mol/L LiCl	0.5mol/L $NaHCO_3$	0.5mol/L NaAc	0.1mol/L KH_2PO_4
沙　土	8.6	26.0	12.5	12.2
壤　土	2.0	17.5	6.3	4.0
黏　土	10.0	58.8	43.8	42.8

表 15 是根据数据汇总而得到的。从表 15 中可以看出，土壤可提取硫含量在 6～12mg/L 范围内，超过此浓度再施硫肥

可能对甘蔗没有效果，甘蔗一般也不会感到缺硫。有根瘤的豆科作物可能需要较高的硫浓度。

表 15　土壤可提取硫浓度界限

提取剂	作物	S（mg/L）	提取剂	作物	S（mg/L）
NH_4Ac+ $Ca(H_2PO_4)_2$	甘蔗	6～7	$Ca（H_2PO_4）_2$	三叶草	12
		8	$NaHCO_3$	棉花	10
		10	NaH_2PO_4+HAc	牧草	10
		7	$Ca（H_2PO_4）_2+HAc$	苜蓿	9

注：甘蔗不同栽培区域土壤可提取硫（S）浓度界限。

（五）微量营养元素的测定

1. 硼的测定

至今最常用的方法仍然是伯杰提出的热水法。其原理是将土壤与水之比为 1∶2 的悬浮液回流处理 5min，然后用姜黄素或醌西素测定溶解的硼。贝克（Baker）在水中添加 0.1% $CaCl_2 \cdot 2H_2O$，所得效果相同，但提取液较清。

根据研究结果，可以依照热水提取法测得的可供硼浓度，将土壤大致分为三类：可供硼浓度小于 1.0mg/L，土壤不能为甘蔗正常生长发育提供足够的硼；可供硼浓度为 1.0～5.0mg/L，土壤提供的硼一般能满足甘蔗正常生长发育的需要；可供硼浓度大于 5.0mg/L，甘蔗可能硼中毒。

分析了土壤饱和提取液中的硼含量，提出了可能使各种甘蔗中毒的最低浓度：

0.5mg/L——所有甘蔗均适宜；

1mg/L——敏感甘蔗可能明显受害；

5mg/L——较敏感甘蔗可能明显受害；

10mg/L——不敏感甘蔗可能明显受害。

2. 钼的测定

测定土壤中钼的方法及测得的可供钼数据列于表 16。表 16 中水提取法适用于含铝较多的土壤。用热水连续提取得到的土壤含钼量数据和实际甘蔗吸收量比较接近，但若土壤有机物质含量较多时，必须先将有机物质除去。酸性草酸铵溶液应用相当广泛，但它同时溶解大量氧化铁和氧化铝。土壤施用石灰对它没有影响，但土壤 pH 值的变化常常使它不能精确反映真实情况。阴离子交换法是将土壤水溶液和树脂混合静置 16h，进行物理分离后用 2mol/L HCl 置换树脂吸收的钼酸盐，再行测定。这种方法对测定可供钼含量较低的土壤特别有利。微生物法可以克服化学分析法的困难。据报道，用黑曲霉得到的数据和醋酸盐的测定值相似。

表 16 土壤中钼的测定法及可供钼数量

方　　法	可供钼（Mo）含量［mg/g（土壤）］			参考文献
	不足	足够	中毒	
水提取	—	—	>0.2	Barshad I, 1951. Soil Sci., 71: 297 - 313.
热水提取	—	<0.1	—	Lowa R H, 1965. Soil Sci., 100: 238 - 243.
草酸铵提取	<0.1	0.1~0.2	—	Grigg J L, 1953. N, Z. Soil News, Molybdenum Symposium, 37 - 40.
	—	<0.1	0.5	

（续）

方　法	可供钼（Mo）含量 [mg/g（土壤）]			参考文献
	不足	足够	中毒	
阴离子交换	—	0.012	—	Dawson M D，1972. Agron. J.，64：308-311.
黑曲霉菌	<0.03	0.5~1.0	—	Nicholas D J D，1961. Int. Congr. Soil Sci. Trans.，7th，Ⅲ：168-182.
	<0.01	0.1~1.0	—	
	—	0.1	—	Tanaka H M，1967. Soil Sci. Plant Nutr.，13：31-35.

3. 氯的测定

土壤可供氯一般采用水提取的方法进行测定。研究结果指出，在大气供氯量较少的情况下，土壤供氯量小于 $25kg/hm^2$ 时，施氯有效。

不过，通常测定土壤含氯量时关心的并不是它的缺乏，而是它的过量引起的中毒。试验结果表明，同样减产 25%，对敏感甘蔗，氯含量仅需要 9mmol/L 土壤溶液；对其他作物如大麦，则需要 170mmol/L 土壤溶液。

4. 锌、铜、锰、铁的测定

锌（Zn）、铜（Cu）、锰（Mn）、铁（Fe）的测定方法分为三类：用水和中性盐提取、用弱酸和强酸提取以及用螯合剂螯合。

用水提取的结果不能反映实际情况，因为它的提取量有限。用 2mol/L $MgCl_2$ 溶液提取的效果比用 0.1mol/L HCl 或 NH_4Ac-双硫腙提取要好，因为 Mg^{2+} 和 Zn^{2+} 离子半径相同，Cl^- 可以络合 Zn^{2+}（Stewart，1965）。用 0.5mol/L NH_4Ac

（pH4.8）测定 240 份土壤，发现测得的可交换锌含量都不超过 1mg/L，但结果和 EDTA 法相符（Jeellseil，1961）。对含锰量高的酸性土壤，用 0.01mol/L $CaCl_2$ 的效果要比其他盐和弱酸都好（I-Ioyt，1971）。

常用的酸性提取剂有：0.5mol/L（$KCl+NH_4Ac$）（Hibbard，1940）、0.1mol/L（$MgSO_4+H_2SO_4$）（Bergh，1948）、0.1mol/L HCl（Wear，1948）等，其中用得最多的是 HCl。

在测定土壤营养元素时采用螯合剂特别便利。螯合剂和溶液中的游离金属离子反应，生成可溶性络合物。随着溶液中游离金属离子的减少，不稳定的固相又释放出营养元素。提取过程中，溶液中积累的螯合金属数量是金属离子初始浓度和土壤释放能力的函数。因此，螯合剂可以模拟营养元素被甘蔗根部吸收和从周围土壤释放的过程。其优点是，它采用的 pH 值可以十分接近土壤的 pH 值，不希望有的副反应也较少。螯合的离子容易通过过滤或有机溶剂萃取分离后测定。

最常用的螯合剂是 EDTA 和 DTPA。

EDTA 适用于萃取 Zn、Mn 和 Cu。可用的浓度范围很大，常常还同时添加各种酸或盐。国外已报道过的有：0.05mol/L EDTA（Viro，1955）、0.02mol/L EDTA（Leilsell，1961）、0.007mol/L EDTA ＋ 1mol/L NH_4Ac（Tucker，1955）、0.05mol/L EDTA＋0.025mol/L H_2SO_4（Wear，1968）等。结果表明，对生长在 25 种土壤中的燕麦来说，当 EDTA 萃取锰量小于 50mg/L 时显示缺锰症状，用对苯二酚时该值为 65mg/L，用 H_3PO_4 或 $NH_4H_2PO_4$ 时为 20mg/L。

DTPA 法适于测定土壤中 Zn、Fe、Mn、Cu 的缺乏与否。区分土壤中 Zn、Fe、Mn、Cu 缺乏与否的标准列于表 17。萃取剂由 0.005mol/L DTPA、0.005mol/L $CaCl_2$ 和 0.1mol/L 三乙醇胺组成，pH＝7.30。方法是将 20mL 萃取液和 10g 土样混合振荡 2h，然后过滤。滤液中微量营养元素浓度用原子吸收光谱法测定。

表 17　根据 DTPA 萃取量对敏感甘蔗进行区分的标准

微量营养元素	用 DTPA 法从土壤萃取微量营养元素量（mg/L）		
	缺乏	适宜	足够
Zn	＜0.5	0.5～1.0	＞1.0
Fe	＜2.5	2.5～4.5	＞4.5
Mn	＜1.0		＞1.0
Cu	＜0.2		＞0.2

三、农田试验

通过甘蔗营养诊断和土壤测定可以大致判断甘蔗缺乏营养元素的种类和程度，并据此推荐施肥量，这在前面已有叙述。但是，在现代农业生产条件下，影响甘蔗吸收营养元素的因素很多，一般只有通过在特定环境条件下进行农田试验，得到的施肥量数据才比较实用。

在农田试验中，先对甘蔗逐渐增加某一营养元素的施用量，然后根据甘蔗产量或净收益和实际施肥量之间的关系来确定最佳施肥量。不过，这并不那么容易，因为甘蔗对各种营养元素的反应变化很大，取决于甘蔗品种、土壤结构以及该土壤以往的利用情况。即使这些条件不变，在很大程度上还取决于当地气候以及整个生长季节的特点。在一小块土壤中进行的一个乃至一组试验的结果，往往不能作为推广到大田的可靠依据。通常的做法是取一组试验的平均值作为某一地区的推荐值，然后根据各地条件进行适当修订，再确定最佳施肥量。

现举例说明最佳施肥量的确定方法：

施入氮的平均肥效并不和施入的氮肥数量成正比。相反，随着施氮量有规律地增加，即每增施一等份的氮，增产量（产值）有规律地减少。最初施入的氮，增产的数量（价值）远远大于施氮的成本；随后，随着施氮量的增加，施氮成本也越来越高。实际施肥量超过最佳施肥量时，净收益要下降；实际施肥量低于最佳施肥量时，则可能损失一部分净收益。

因此，当肥料不够，不能使全部土地都达到最佳施肥量的程度时，宁可所有土地实际施肥量均低于最佳施肥量，也不要使一些土地用最佳施肥量，另一些土地则不施肥。

确定过程还和肥料价格、甘蔗价格有密切关系，因而最佳施肥量是可以变化的。另外，确定最佳施肥量后，施用时不必极其精确，一般只要接近最佳施肥量，就能接近获得最大净收益。

采用这种传统的最佳施肥量确定方法通常可以得到满意结果。但这要处理许多组试验数据，过程较麻烦。有时则采用各种能满足上述曲线关系的经验式来表示。

常用的经验式有以下几种形式：

（1）指数曲线　就是具有指数形式的曲线。它的特点是越来越接近最大值，但永远也达不到最大值。

当甘蔗产量和施肥量之间关系具有指数曲线形式时，也可以根据表18求取最佳施肥量。表中V为每公顷施标准量肥料时的甘蔗产量，C是每公顷施肥成本。

表18　甘蔗产值和施肥成本比下的最佳施肥量

V/C	最佳施肥量		V/C	最佳施肥量	
---	N	P	---	N	K
1	150	0	1	150	0
1.5	225	60	1.5	225	150
2	300	60	2	300	225
3	3 000	60	3	300	270

这种方法在世界各甘蔗生产国应用广泛。一般说来，当施肥量小于最佳施肥量时，指数曲线比较适用。

（2）抛物线曲线　随着施肥量的不断增加，施肥的种类越来越复杂，施入的各种营养元素经常发生相互影响，自20世纪90年代以来进行的试验发现关系曲线常常呈抛物线形，即随着施肥量的增加，甘蔗产量先是上升，达最大值后复又下降。

甘蔗试验的结果表明，甘蔗产量随施氮量变化的关系曲线形状与施钾量有关。不施钾时，曲线为抛物线，即随着施氮量增加，甘蔗产量经过一个最大值。施入一定量钾肥（300 kg/hm²）后，曲线的最大值已不太明显。施入大量钾肥（450 kg/hm²）后，即使再增加施氮量也不能获得甘蔗产量的最大值，此时曲线已具有指数形状。

该试验说明，由于第二种营养元素施入和施肥量的变化，会使第一种营养元素的施肥量曲线发生形状变化，因而要在试验前预测这种曲线的形状，或者预测试验结果用何种数学形式处理，都是完全不可能的。

这里要注意两点：第一，试验要设计合理，处理妥当，要确定曲线的完整形状，即既要注意到施肥量小时曲线陡升的部分，也要注意到施肥量过大的影响；第二，要尽可能精确地规定所试验的土壤条件、耕作条件和气候条件。在农田试验中考虑到这些条件的影响，往往比研究试验结果更为重要。

（3）其他数学处理　在施肥量很大时，甘蔗产量会降低。因为曲线的形状不仅取决于甘蔗和营养元素，还取决于局部土壤条件、气候条件和耕作条件，因此甘蔗产量随施肥量的变化曲线没有标准的形状，也没有标准的经验式。

联合国粮食及农业组织推荐了几种处理方式，除前面叙述的指数形式外，认为如下形式也是比较满意的。

在处理更加复杂的情况时，例如在两种营养元素之间相互有影响时，推荐的关系式有如下形式：

根据目标产量，结合甘蔗对养分的需求情况以及肥料的利用率，利用养分平衡原理，计算出合理的施肥量。计算程序如下：

①求算出计划产量所需各养分数：

$$\genfrac{}{}{0pt}{}{\text{计划产量所需}}{\text{各养分数}} = \genfrac{}{}{0pt}{}{\text{产量}}{\text{指标}} \times \genfrac{}{}{0pt}{}{\text{每产100kg需吸收}}{\text{各养分数}}$$

②求算出每公顷土壤可供给养分数：

$$\text{土壤可供给} \atop \text{养分数} = \frac{\text{测定出土壤各速效}}{\text{养分含量(mg/kg)}} \times 0.15\text{kg/hm}^2 \times \text{校正} \atop \text{系数}$$

③求出需施入的各养分数：

$$\text{需施入的} \atop \text{各养分数} = \text{计划产量所需} \atop \text{各养分数} - \text{土壤中供给} \atop \text{养分数}$$

④把需施入的各养分换算成有机肥料和化学肥料的肥料数量：

$$\text{各肥料用量} = \frac{\text{需施入的各养分数量}}{\text{各肥料养分含量} \times \text{肥料利用率}}$$

可以将两组不同施肥量的试验结果用曲线标准化，或者比较同营养元素在不同来源或不同施肥法时的相对效果，或者计算施入肥料的残留效果。但是，由于必须假定常数，因而在用同一组常数去处理在完全不同条件下得到的试验结果时，容易产生差错，在使用时要注意。

（4）折线　近年来通过农田试验结果发现，甘蔗产量和施肥量的关系曲线并不完全是曲线，常常成折线形状，即将转折点两侧表示为直线似乎更能符合农田试验的结果。这种情况在施氮时尤为明显。

由于对磷、钾和其他营养元素进行的试验较少，很难根据试验所得数据判断曲线的形状。所做有限的几个试验表明，在试验误差范围内可能存在折线关系。近年来的研究表明，若营养元素在土壤中可以自由移动，其他因素又不影响甘蔗的吸收利用，则所施肥料和甘蔗产量之间的关系是折线关系，甘蔗不断吸收养分直到足够量时便产生转折。利用直线部分的斜率，可以测量甘蔗对营养元素的吸收效率。当吸收效率达100％

时，该斜率相当45°；如小于45°，则表明肥料有浪费现象，或者甘蔗根系有病、营养元素流失或被固定。当营养元素离子移动性较差时，曲线可能是非线性的。

四、确定施肥量时需要考虑的一些因素

（一）各营养元素间的相互制约

如前所述，只进行一个条件的试验，例如仅进行施氮量试验，找出相应最大产量的施氮量是十分容易的。根据同样原理也可以求取最佳施磷量、最佳施钾量等。由此好像应当针对某种甘蔗将所有可能产生变化的因素都进行试验。但是进行这类试验后常常发现，因为纠正某一限制产量因素而获得的收益，只有在同时也能纠正其他限制产量因素时，才显得比较大。换句话说，只有在甘蔗已有足够量磷、钾和水分的供应时才能从施氮中获得最大收益，因为施氮的效果在有磷供应时比无磷供应时更大；反之亦然。这种甘蔗从 A 因素和 B 因素一起试验所获收益大于这两个因素分别试验所获收益总和的效应，称为相互制约。在农业生产中利用这种相互制约，可以促使甘蔗产量大幅度增加。不过，各营养元素之间的相互制约现象十分错综复杂，往往随甘蔗而异，其中许多关系还有待进一步研究。现举几个例子加以说明。

氮、磷、钾之间的相互制约试验在甘蔗上做得特别多，研究比较充分、深入。在甘蔗的施肥中总是将三种主要营养元素同时考虑，因为在已经施入两种主要营养元素后施入任何第三

种，所获效果比其他任何处理都大。因此，在甘蔗的施肥中，必须利用相互制约现象才能获得高产。表 19 是种植甘蔗时获得的一组数据，从中可以看出，要使甘蔗在施氮（磷、钾）后获得高产，首先必须施足够的磷、钾（氮）。

甘蔗在施肥上的制约现象还表现在农家肥料上。甘蔗是施用农家肥料较多的作物，但也只有在增施氮肥时才能获得较高的产量。在两块土壤结构不同的耕地上进行为期 5 年的试验结果表明，尽管两块耕地结果极不相似，但两者显示的曲线形状十分相像。不论是否使用农家肥料，施氮后对甘蔗均有很大影响，而且产量都没有达到最大值。这种效果可以认为是施入氮和农家肥料之间各营养元素尤其是与钾之间相互制约的结果。

表 19　施氮对甘蔗平均产量（t/hm^2）的影响

相对施氮量	相对施磷/钾量		
	0/0	1/1	2/2
0	(26.9)	(28.3)	—
1	33.3	64.6	72.6
2	32.6	78.5	79.0
3	29.4	85.4	79.4

甘蔗的产量主要系由两种营养元素相互制约。不施钾肥时，每公顷施 160kg 氮即已足够；若每公顷施 225kg 的钾，则需要施 180～300kg 氮才够；若每公顷施 270kg 钾，即使施 225～360kg 的氮，仍然不足以获得最大产量。

（二）土壤条件和营养元素吸收之间的相互制约

1. 水和营养元素吸收之间的相互制约

根据试验，认为施肥可以减少对甘蔗的供水量。在经过高度开发的土壤中这种减少量不多，在未经开发的土壤中，施入肥料后，供水量可以减少一半甚至到 2/3。而甘蔗需要大量水分，这常常是由于甘蔗缺乏营养元素所致。新的研究指出，甘蔗施用肥料后可以更加有效地利用水分和保持水分。这对旱地耕作或干旱季节的耕作特别重要。

另外，水分对甘蔗吸取营养元素起着关键作用。其作用主要有 3 个：一是甘蔗生长在潮湿土壤中比生长在干燥土壤中具有更发达的根系，因而可以捕获更多的营养元素离子，这点对钙和镁特别重要。二是土壤中水分的运动能将大部分硝酸盐、硫酸盐、钙和镁转送到甘蔗根部。三是扩散作用。通常营养元素在土壤中可以自行从高浓度区向低浓度区迁移，但迁移距离不超过 0.5～0.6cm，且必须通过水膜进行，因而扩散速度部分取决于土壤中水分的含量。换句话说，水膜越厚，越容易扩散。甘蔗往往通过这种扩散过程来获得足够的磷和钾。

对水和营养元素之间的相互制约进行了大量研究。这里举几个例子说明这种制约关系的普遍性。夏季雨量对甘蔗施钾后的产量影响研究表明，夏季雨量越少，甘蔗产量越高，即施钾肥的作用越大。对甘蔗施磷肥后的逐年产量也进行了研究。为期 18 年的测定发现，产量和播种后 12 周内的雨量密切相关，与前例情况相似，雨量越低，产量越高，施磷肥越有效。水对施氮后甘蔗产量的影响似乎相反，据报道，当甘蔗产量有可能通过灌溉增加时，增加施氮量往往可以获得更高的产量。一项为期 3 年的试验，即在沙质土中春植甘蔗，在灌溉与不灌溉的条件下施入 4 种处理的氮肥。结果表明，灌溉使春植甘蔗的最高产量增加了 35 825kg/hm²。在不灌溉的条件下，为获得最高产量仅需施氮 150～180kg/hm²；在灌溉的条件下，要施氮 180～300kg/hm² 才能获得最高产量（当然这两个最高产量不完全相等，相差 2 100kg/hm²）。

2. 温度的影响

温度上升，甘蔗吸收营养元素的速度一般增大，但温度达到某一值后吸收速度达最大值，再提高温度，吸收速度反而下降。对大多数甘蔗来说，这个吸收最大值出现在 30～40℃。如水稻的最适宜吸收温度通常为 30～32℃。

各种营养元素在最适宜温度下都有最大的吸收速度，当不在最适宜温度时它们的吸收便受到抑制，各种营养元素吸收受抑制的程度是不同的。在小于 15℃ 的情况下，顺序为 $SiO_2 > P_2O_5 > K_2O$；在大于 30℃ 的情况下，顺序稍有不同，变为 $SiO_2 > K_2O > NH_4 > P_2O_5 > MnO$、CaO。$SiO_2$、$P_2O_5$、$K_2O$ 与 N 的吸收抑制比较显著，钙和镁要小些。

甘蔗根系生长在土壤中或是水中，即使气温上升，只要地温或水温不上升，营养元素的吸收状况不会有变化。例如，由于一般地温和水温的上升比气温慢，水稻生育初期对氮的吸收有时推迟，叶色不变浓，这在用冷水灌溉的情况特别显著。

3. 光照度的影响

根据试验，光照不足时，甘蔗对磷和氮吸收程度受影响最大，当光照度减至原来的 5％时，它们的吸收量不到原来的 20％；镁和钙影响较少，它们的吸收量降为原来的 50％左右。其顺序为 $P_2O_5 > K_2O > NH_4$、$MnO > SiO_2 > MgO > CaO$。当然，在耕作中不可能有连续黑暗的情况，但经验表明，连续长时间的天气不好而日照条件恶化，也可能抑制甘蔗对营养元素的吸收，导致甘蔗发育不良。

4. 空气的影响

空气中的氧对甘蔗吸收营养元素也是十分重要的。对水耕甘蔗来说，在导入空气的通气区，营养元素的吸收比较多。由于甘蔗根系不断消耗氧，因此不断对水耕甘蔗补充氧是十分必要的。

土壤中空气的组成尤其是二氧化碳含量对甘蔗吸收营养元素的影响较大，土壤空气中的二氧化碳含量过大将减少甘蔗对营养元素的吸收，尤其是显著降低铵态氮和钾的吸收量。二氧化碳对锌的吸收也有影响，不过施加碳酸氢钠可以防止。

（三）品种和种植密度对营养元素吸收的影响

1. 甘蔗种植密度的影响

单位面积种植的甘蔗数目越多，要获得更高的产量，就需要更多的营养元素。对甘蔗的种植密度和施氮量之间的关系进行了试验，结果列于表 20。显然，甘蔗只有在施氮量充足和种植密度最佳时才能获得最高产量；反过来说，较大的施氮量只是在较高的种植密度下才是合理的。

表 20　甘蔗种植密度与所需施氮量之间的关系

种植密度 （株/hm²）	施氮量（kg/hm²）			
	0	120	225	300
	甘蔗产量（t/hm²）			
53 040	30.6	65.8	70.7	80.4
61 500	31.3	68.7	78.8	90.1
74 000	33.3	72.6	80.1	96.2

2. 甘蔗新品种的影响

新品种甘蔗往往具有较大的增产潜力，而这些潜力只有在供肥充足的情况下才能充分发挥出来。

（四）营养元素的循环

在甘蔗现代生产中，为了获得全新的稳定耕作系统，必须考虑肥料和甘蔗的残留效应，以及营养元素在甘蔗、土壤、空气和雨水之间的循环。根据这种循环可以为每一地区乃至每一块耕地建立相应的营养元素平衡表，以帮助制定施肥计划。

把以土壤为中心的营养元素循环分为 3 个组成部分：收入、支出和储存。

收入部分：①有机肥料和残留甘蔗替入；②化肥带入；③土壤释放；④根瘤菌固氮收入。

支出部分：①甘蔗收获带走；②从甘蔗中流失；③从土壤中流失。

储存部分：①氮以有机物质形态储存；②磷和钾在土壤中的固定储存。

收成良好的（75～90t/hm²）甘蔗每年吸收的营养元素数量，其中约1/4的可溶磷和一半以上的可交换钾是从土壤吸收的，吸收的氮量则相当于森林在30年中积累起来的数量。因此，施肥对甘蔗特别重要。一般推荐施肥量提供的磷量和甘蔗吸收量大致相当，但它提供的氮量和钾量要少得多。甘蔗植株所含的氮、磷、钾量大致等分于茎秆和根之中，由于茎部送入工厂加工制糖，所以茎秆所含的营养元素对土壤是支出。茎秆的处理方式决定了剩余营养元素的去向，它们可能返回土壤，也可能是支出。

第二部分

甘蔗轻简高效施肥

随着对甘蔗吸收养分规律研究的不断深入，肥料生产工艺提升，甘蔗采用轻简施肥技术研究有较大突破，提出了甘蔗轻简施肥模式。

一、当今甘蔗施肥的主要问题

甘蔗生产肥料用量大，全程施肥 3～4 次，施肥用工成本高。

现甘蔗施肥的主要问题：

一是施肥量大。每公顷施有机肥 1 500 元的量，尿素 900～1 200kg/hm²，钙镁磷肥 1 500～1 800kg/hm²，氯化钾 450～600kg/hm²，高浓度复合肥（15 - 15 - 15）1 200～1 500kg/hm²，折合甘蔗施 N 594～777kg/hm²，P_2O_5 465～513kg/hm²，K_2O 495～585kg/hm²（不包括有机肥所含的养分）。

二是施肥成本高。每千克氮 4.3 元，每公顷施氮肥成本 2 554.2～3 341.1 元；每千克磷 5.0 元，每公顷施磷肥成本 2 325.0～2 565.0 元；每千克钾 5.0 元，每公顷施钾肥成本 2 475.0～2 925.0 元，每公顷化肥投入成本 7 354.2～

8 831.1 元。加上每公顷有机肥成本1 500 元，每公顷施肥总投入 8 854.2～10 331.1 元。

三是肥料利用率低。甘蔗对氮肥利用率为 14.5%～24.7%，平均利用率为 21.2%，即公顷用的 594～777kg 氮（N），只有 126.0～164.7kg 被甘蔗吸收，大部分氮（N）被挥发、淋溶和土壤吸附。

甘蔗对磷肥利用率为 6.7%～13.4%，平均利用率为 11.6%，即公顷施用的 465～513kg 磷（P_2O_5），仅有 54.0～59.6kg 磷（P_2O_5）被甘蔗吸收，其他 411.0～453.5kg 磷被土壤吸附并转化为难溶磷。

甘蔗对钾肥的利用率为 15.6%～26.9%，平均利用率为 21.1%，即公顷用钾（K_2O）495～585kg，只有 104.4～123.5kg 钾（K_2O）被甘蔗吸收，其他 390.6～461.6kg 钾被淋溶和土壤吸附。

可见，甘蔗施肥量大和施肥成本高。这与目前甘蔗种植区土壤提供养分能力低和使用化肥的利用率低有关。甘蔗施肥成本占甘蔗生产成本的 40%～50%。

二、蔗区土壤养分状况

蔗区土壤有机质含量大于 40g/kg 土的仅占 17.65%，30～40g/kg 土的占 20.72%，20～30g/kg 土的占 30.49%，10～20g/kg 土的占 21.55%，小于 10g/kg 土的占 9.59%。

土壤全氮：2.0g/kg 土以上的占 20.75%，1.5～2.0g/kg

的占 43.0％以上，1.5g/kg 土以下的占 36.25％。

土壤磷素：蔗区土壤全磷含量均普遍较低，含量在 0.6g/kg 土以下的面积占 85.0％，其中不足 0.4g/kg 土的占 54.4％。

蔗区土壤的有效硫含量处于 12～36mg/kg 的中等偏下水平。≤6mg/kg 的土壤占 7.7％，6～12mg/kg 的土壤占 19.2％，12～24mg/kg 的土壤占 38.5％，24～36mg/kg 的土壤占 28.8％，36～48mg/kg 的土壤占 5.8％，没有有效硫含量大于 48mg/kg 的土壤。

土壤有效钙含量是土壤供钙能力的相对指标，与土壤类型和作物类型有密切相关。蔗区土壤的交换性钙含量水平较高，其中有超过 2/3 的土壤交换性钙含量处于大于 4.5cmol/L 的较丰富水平。

土壤有效镁含量是土壤供镁能力的相对指标，与土壤类型和作物类型有密切相关。蔗区土壤的交换性镁含量处于中下水平，总体含量偏低。其中有超过一半的土壤交换性镁含量为 0.4～0.8cmol/L。

蔗区土壤普遍缺硼和钼，锌、锰缺乏面积达 30％以上，而铜、铁基本不缺乏。从地域上看，北部的有效锌含量（平均 1.58mg/kg）高于东南（平均 1.07mg/kg），西北部蔗区有效硼含量较高，东南部蔗区有效硼含量较低。

土壤有效硼含量是土壤供硼能力的相对指标，与土壤类型和作物类型有密切相关。典型蔗区绝大多数土壤中的硼十分缺乏。其中土壤有效硼含量≤0.3mg/kg 的缺硼土壤占 96.2％。

蔗区土壤有效锌含量处于 0.5～2.0mg/kg 的中等水平，其中 0.3～0.5mg/kg 的土壤占 3.8%，0.5～1.0mg/kg 的土壤占 26.9%，1.0～2.0mg/kg 的土壤占 61.5%，2.0～3.0mg/kg的土壤占 5.9%，大于 3mg/kg 的土壤占 1.9%。

　　蔗区土壤有效铜含量较高，土壤有效铜含量＞0.6mg/kg 的土壤占 2/3 以上，没有有效铜含量≤0.1mg/kg 的土壤。

　　蔗区土壤有效铁含量很丰富，其中有效铁含量＞20mg/kg 的土壤占 90% 以上。

　　蔗区土壤有效锰含量处于中上水平，其中＞30mg/kg 的土壤占 1/3，20～30mg/kg 的土壤占 13.5%，10～20mg/kg 的土壤占 25.0%，5～10mg/kg 的土壤占 19.2%，2.5～5mg/kg 的土壤占 9.6%，没有有效锰含量≤2.5mg/kg 的土壤。

　　蔗区土壤常见的问题：①通气性差；②酸化，甘蔗正常生长土壤的 pH 为 6 左右；③土壤有机质及矿质养分含量低；④施用化学肥料的利用率低。

三、蔗区土壤养分分级

（一）土壤有机质含量分级

　　土壤有机质含量是反映土壤肥力的一个重要指标。土壤有机质含量不仅与多种营养元素的供应能力有着一种稳定的正相关，而且土壤有机质含量与土壤的保水保肥能力等密切相关。蔗区土壤有机质含量的测试结果表明（表 21），多数土壤的有机质含量处于 1.0%～2.0% 的中下水平，平均含量为 1.86%。

其中土壤有机质含量小于 1.0% 的土壤占 7.7%，有机质含量处于 1.0%～2.0% 的土壤占 55.8%，有机质含量处于 2.0%～3.0% 的土壤占 17.3%，有机质含量大于 3.0% 的土壤占 19.2%。

表 21　土壤有机质含量分级统计

级　别	很低	低	中下	中上	高	很高
有机质含量（%）	<0.6	0.6～1.0	1.0～2.0	2.0～3.0	3.0～4.0	>4.0
占比例（%）	1.9	5.8	55.8	17.3	13.4	5.8

（二）土壤全氮含量分级

土壤全氮含量能反映土壤潜在肥力的高低，即土壤供给氮养分的潜力（表 22）。蔗区多数（占 77.0%）土壤的全氮含量处于 0.5～1.5g/kg 的中等偏下水平，平均含量为 0.92g/kg。其中土壤全氮含量小于 0.5g/kg 的土壤占 7.7%，全氮含量处于 0.5～0.75g/kg 的土壤占 25.0%，处于 0.75～1.0g/kg 的土壤占 28.9%，处于 1.0～1.5g/kg 的土壤占 23.1%，处于 1.5～2.0g/kg 的土壤占 11.5%，大于 2.0g/kg 的土壤仅占 3.8%。经分析，土壤中的全氮含量与土壤有机质含量关系非常密切，相关系数为 0.903 7[**]。

表 22　土壤全氮含量分级统计

级　别	很低	低	中下	中上	高	很高
全氮含量（g/kg）	<0.5	0.5～0.75	0.75～1.0	1.0～1.5	1.5～2.0	>2.0
占比例（%）	7.7	25.0	28.9	23.1	11.5	3.8

（三）土壤磷素营养分级

应用 Olsen 法测定土壤速效磷，根据各试验点土壤有效磷含量与施用磷素化肥的增产量，进行相关分析，求得各自的相关系数如下：

磷素相对产量（N2K2/N2P2K2）与有效磷的相关系数为 0.988 9**，结合蔗区实际情况修正划分出高、中、低的指标如表 23。

表 23　土壤速效磷丰缺指标

养分分级	丰富（高）	缺乏（中）	极缺（低）
有效磷（mg/kg）	＞20	5～20	＜5

土壤有效磷含量大于 20mg/kg，对甘蔗营养来说，基本达到丰富水平，增施磷肥的增产效果不明显；而土壤有效磷含量 5～20mg/kg，为缺乏，施用磷肥有明显的增产效果；土壤有效磷含量小于 5mg/kg，为极缺乏，施用磷肥，增产效果极显著。

（四）土壤钾素营养分级

根据各试验点土壤速效钾含量与施用钾素化肥的增产量，对其进行相关分析，可知钾素相对产量（N2P2/N2P2K2）与速效钾的相关系数为 0.862 0**。

从表 24 可知，土壤速效钾含量大于 120mg/kg，对甘蔗营养来说，基本达到丰富水平，增施钾肥的增产效果不明显；而土壤有效钾含量 60～120mg/kg 时为缺乏，施用钾肥有明显的增产效果；土壤速效钾含量小于 60mg/kg 时为极缺乏，施用钾肥，增产效果极显著。

表 24　土壤速效钾含量分级

质　地	土壤速效钾 （mg/kg）	每千克钾（K_2O） 增产（kg）	增产 （%）
	低＜46	113.0	＞18
沙　土	中 46～90	91	13.3
	高＞90	—	—
	低＜52	109.2	＞15
壤　土	中 52～110	88	10
	高＞110	—	—
	低＜60	139.7	＞10
黏　土	中 60～120	67.2	7.5
	高＞120	＜8	＜5

四、甘蔗吸收养分的特征

正常甘蔗叶片含氮 0.53%～1.80%，随甘蔗生长量的增加，养分在植株体内的稀释效应明显，甘蔗成熟期叶片含氮量仅为 0.53%。甘蔗缺氮叶片的含氮临界值为 0.45%。

甘蔗的苗期叶片含磷量最高，为 0.21%，成熟期含磷降至 0.17%。甘蔗缺磷叶片的含磷临界值为 0.10%。

甘蔗拔节期叶片含钾量最高，为 1.60%，成熟期含钾量降至 0.75％。甘蔗缺钾叶片的含钾临界值为 0.50％。

各生长阶段养分吸收动态以中、前期吸收最多，有明显的吸肥高峰期。苗期至伸长初期，氮、磷、钾吸收量分别占总吸收量的 50％～60％、52％～62％、45％～55％；伸长初期至伸长末期分别为 30％～40％、32％～42％、36％～46％；伸长末期至成熟期则吸收不多，分别为 8％～12％、4％～8％、6％～10％。每生产 1t 原料蔗，甘蔗氮、磷、钾的吸收量分别为：氮（N）1.50～2.16kg，磷（P_2O_5）0.40～0.51kg，钾（K_2O）1.98～2.71kg。

基础地力公顷产原料蔗 30～45t。

这为研制甘蔗一次性施肥、甘蔗水肥一体化、化肥＋有机肥、基肥＋水肥一体化和全程生物有机肥（复合微生物肥）等模式提供了重要的依据。

五、甘蔗的最佳施肥量

公顷产甘蔗 75～105t：推荐公顷施氮（N）300～330kg，施磷（P_2O_5）90～120kg，施钾（K_2O）255～285kg。

公顷产甘蔗 120～150t：推荐公顷施氮（N）330～360kg，施磷（P_2O_5）120～150kg，施钾（K_2O）285～330kg。

六、甘蔗轻简高效施肥对肥料要求

要实现甘蔗高效轻简施肥，除了考虑蔗区土壤养分状况、甘蔗对养分的吸收规律外，还需对肥料类型和施肥方式进行选择。

（一）选择适合的肥料类型

近几年来，随着肥料研发的创新，有机无机肥、长效肥、缓释肥、高效水溶肥、生物肥和复合微生物肥等先后推出，尤其是肥料采用了增效和缓释技术等，这就为不同区域甘蔗产业的发展提供了可以选择肥料的机会。

1. 添加了增效和缓释剂的化肥

近年来，对甘蔗采用增效和缓释全程一次性施肥技术的研究结果表明，采用增效和缓释甘蔗全程一次性施肥技术能显著提高甘蔗对肥料的利用率。如 2011—2013 年 3 年的田间试验结果，空白对照（不施肥）甘蔗产量为 47 745kg/hm^2，常规施肥（施用化肥）甘蔗产量 91 590kg/hm^2，采用增效和缓释甘蔗全程一次性施肥技术的产量为 120 705kg/hm^2；空白对照（不施肥）蔗糖分含量为 14.9%，常规施肥（施用化肥）蔗糖分含量为 14.5%；采用增效和缓释甘蔗全程一次性施肥技术的蔗糖分含量为 15.1%；采用增效和缓释甘蔗全程一次性施肥技术处理，甘蔗对氮素平均利用率为 55.22%，磷素平均利用率为 39.45%，钾素平均利用率为 59.24%。对肥料的利用率起主要作用的是增效和缓释技术，甘蔗增产以及蔗糖分含量均高于施用化肥处理。

2. 添加了增效和缓释剂的有机无机复合（混）肥

统计各蔗区甘蔗全程一次性施用配有增效和缓释剂的有机

无机复合（混）肥处理的结果，甘蔗对氮素的利用率为 48.88%（42.53%～55.22%），比未添加的 26.15%（21.79%～31.20%）提高了 22.73%；磷素平均为 35.42%（31.66%～39.45%），比未添加的 10.81%（7.84%～16.57%）提高了 24.61%；钾素平均为 56.08%（47.00%～65.16%），比未添加的 49.86%（40.58%～59.14%）提高了 12.47%。

（1）甘蔗专用缓释高效复混肥料农艺配方设计的依据 甘蔗种植区主要分布在广西、云南、广东和海南等地的台地、低丘陵及冲积平原区，这些蔗区的主要成土母质有：花岗岩、砂页岩、第四纪红土、河流冲积物及浅海沉积物等。砖红壤的成土过程受高温多雨、干湿季节明显的影响，属高度风化的土壤，其土体深厚，呈赤红色，盐基被强烈淋溶，土壤呈酸性至强酸性，阳离子交换量低（约为 5mmol/100g 土），盐基饱和度在 45%以下，土壤保肥能力较差，养分易流失。土壤有机质及氮素含量随植被状况及耕作施肥而异，磷、钾、钙、镁、锰含量均很低，而且其有效性与土壤水分状况有关。

依据土壤、气候特征、耕作利用方式、施肥水平、甘蔗产量水平等进行甘蔗专用缓释高效复混肥料农艺配方的设计，并采用复混肥料增效、缓释技术。

（2）甘蔗专用缓释高效复混肥料农艺配方 甘蔗专用缓释高效复混肥料农艺配方依据复混肥料养分含量高低设有：12-6-7、20-10-10 两个配方。

产品肥效要求：

①田间应用效果判断。在苗期主要观察其叶色的变化、分

蘖和叶片的生长速度；甘蔗伸长期主要观察其生长速度。

②期待效果的最短时间。在甘蔗使用 3～5d 可见明显的施肥效果。其他作物也均表现出比其他复混肥显著的效果。

产品使用说明：

①施肥量。是中等肥力土壤在中等产量水平下的施肥建议，各地可根据实际情况调整追肥次数和用量。添加了肥料增效剂和缓释剂的，可以进行一次性施肥。

②缺钾土壤注意补施钾肥，以达到更好的效果。

③施用复混肥时离甘蔗种茎 10cm，施深约 10cm，或溶解于人畜粪水灌施。不宜撒施。

甘蔗专用缓释高效复混肥料的施用：

甘蔗的整个生育期可以分为 4～6 个阶段，不同生育阶段对土壤和养分条件有不同的要求。因此，施肥方式也有所区别。甘蔗生长期较长，习惯将甘蔗施肥分为：基肥、苗期追肥、分蘖期追肥和伸长期追肥等。①基肥，施用量占总施肥量 10%～15%；②苗肥，当蔗茎长出 3～4 片叶时，施用量占总施肥量的 20%～30%；③分蘖肥，当蔗茎长出 7～8 片叶时，施用量占总施肥量 25%～30%；④伸长肥，当蔗茎伸长时，配合吸肥高峰期，重施余下的 25%～45% 的甘蔗专用复混肥。

在添加有肥料增效剂和缓释剂时，可以进行一次性施肥。

3. 添加了增效和缓释剂的高效生物肥和复合微生物肥

添加了增效和缓释剂的高效生物肥和复合微生物肥的特征：

（1）添加了增效和缓释剂的高效生物肥和复合微生物肥的腐殖酸带有丰富的电荷，阳离子交换量（CEC）达 9～13mol/kg（用单位体积计 CEC 为 0.6～0.9mol/L）；高效有机肥（生物有机肥）CEC 为 4～10mol/kg。

（2）添加了增效和缓释剂的高效生物肥和复合微生物肥的腐殖酸呈多孔海绵状结构，孔径 30～100nm，腐殖酸胶体离子直径 21～830nm。

（3）添加了增效和缓释剂的高效生物肥和复合微生物肥，腐殖酸浓度为 1mg/L 时，约有 25％的金属离子被腐殖酸胶团吸附；当腐殖酸浓度为 5mg/L 时，被吸附的金属离子增加 2 倍，这将有利于提高土壤肥力，降低重金属的危害。

（4）添加了增效和缓释剂的高效生物肥和复合微生物肥的田间应用表现：一是肥效快和肥效高。施高效有机肥（生物有机肥）较传统有机肥的氮（N）、磷（P_2O_5）、钾（K_2O）肥料利用率分别提高 9％～11％、15％～17％和 12％～14％（绝对值）。二是有机物料转化为腐殖酸的转化率高。高效有机肥（生物有机肥）腐殖化率（84.1％～89.2％）较传统有机肥的有机物料转化为腐殖酸（69.0％～70.2％）的转化率高 15.1％～19.0％（绝对值）。三是产品腐殖酸含量达 30.1％～31.2％，较传统有机肥高 10.0％～14.0％（绝对值）。

4. 添加了增效和缓释剂的高效水溶肥料

新研发的多聚磷酸盐产品是典型代表之一，这类水溶肥对提高甘蔗产量、蔗糖分和肥料利用率等有显著作用，同时也是甘蔗水肥一体化全程滴灌专用液体水溶肥创新产品。

聚磷酸也称多聚磷酸，简称 PPA，为一具有不同聚合度磷酸的混合物，一般指磷（P_2O_5）含量在 $68\%\sim85\%$ 的磷酸，即其组分介于正磷酸（H_3PO_4）和偏磷酸（HPO_3）之间的一组磷酸。

多聚磷酸的水溶液酸度较高，但一代磷酸盐溶液呈弱酸性，二代磷酸盐呈弱碱性，三代磷酸盐溶液呈强碱性。

可充分利用多聚磷酸的性质，开发水溶性好的水溶肥，并添加增效和缓释剂。

（1）设计养分含量（g/L）及施用量

甘蔗水肥一体基肥：大量元素含量不低于 50.0%（或 500g/L），配比为 20 - 30 - 0，公顷施用量为 $165\sim225L$（表 25）。

表 25　甘蔗水肥一体基肥配比及施用量

肥料配比	体积含量（mg/L）				用量（L/hm²）	含量（%）		
	N	P_2O_5	K_2O	比重		N	P_2O_5	K_2O
20 - 30 - 0	200	300	0	1.35	165～225	20	30	0

甘蔗水肥一体苗肥及分蘖肥：大量元素含量不低于 50.0%（或 500g/L），氮（N）、磷（P_2O_5）、钾（K_2O）配比为 20 - 20 - 10，公顷施用量 $97.5\sim142.5L$（表 26）。

甘蔗水肥一体伸长肥及糖分累积肥：大量元素含量不低于 50.0%（或 500g/L），氮（N）、磷（P_2O_5）、钾（K_2O）配比为 25 - 10 - 15，公顷施用量 $750\sim900L$（表 27）。

表 26　甘蔗水肥一体苗肥及分蘖肥配比及施用量

肥料配比	体积含量（mg/L）				用量 (L/hm²)	含量（%）		
	N	P₂O₅	K₂O	比重		N	P₂O₅	K₂O
20 - 20 - 10	200	200	100	1.35	97.5～142.5	20	20	10

表 27　甘蔗水肥一体伸长及糖分累积肥配比及施用量

肥料配比	体积含量（mg/L）				用量 (L/hm²)	含量（%）		
	N	P₂O₅	K₂O	比重		N	P₂O₅	K₂O
25 - 10 - 15	250	100	150	1.35	750～900	25	10	15

（2）施肥方式　大部分采用把肥料施于蔗种下并盖薄土这一轻简施肥方式。当然，水肥一体化甘蔗的灌溉施肥由滴灌管输入。

七、甘蔗的几种施肥模式

重点介绍甘蔗一次性施肥（化肥）、甘蔗水肥一体化、化肥＋有机肥、基肥＋水肥一体化和全程生物有机肥（复合微生物肥）等模式。

（一）甘蔗全程一次性施肥技术（化肥）

1. 新植蔗

将新植蔗整个生长期所需的肥料、防虫药一次性基施于蔗苑两边后培土到原来的高度，对蔗畦喷除草剂（每公顷喷施40％去莠津悬浮剂 2 250mL＋80％乙草胺乳油 1 200mL，下同），覆盖地膜，紧贴表土，用泥土压实蔗沟膜并在沟底处每隔40～50cm开5～8cm长的渗水口，利于雨水渗透。膜边用泥土压入4～8cm，11月中旬揭膜。避免肥料与种子或根系接触，种子、根系与肥料的间距10～15cm，以免烧芽、烧苗。

广西农业科学院甘蔗研究所在扶绥新植蔗试验结果显示（表28）：全程一次性施肥的甘蔗出苗率、分蘖率、茎径和株高均高于习惯施肥；茎径以对照最大；产量（87 150～95 040 kg/hm^2）高于习惯施肥（85 740kg/hm^2）。

表28　甘蔗全程一次性施肥的田间效果（新植蔗）

处　理	产量（kg/hm^2）	含糖量（%）	氮利用率（%）	磷利用率（%）	钾利用率（%）	公顷节约施肥用工费（元）
全程一次性施肥	91 095	15.11	35.1	21.4	40.2	3 750
习惯施肥	85 740	14.76	23.4	15.2	26.1	

新植蔗全程一次性施肥量为1 800kg/hm^2（20－5－15），折合每公顷施氮（N）360kg、磷（P_2O_5）90kg、钾（K_2O）270kg；习惯施肥量为2 550kg/hm^2（15－15－15），折氮（N）382.5kg/hm^2、磷（P_2O_5）382.5kg/hm^2、钾（K_2O）382.5kg/hm^2。减施肥750kg/hm^2，减施29.4%（减肥费2 250元/hm^2）；节约施肥用工费3 750元/hm^2。

新植蔗全程一次性施肥每公顷产量91 095kg，较习惯施肥公顷产量85 740kg增产5 355kg，增6.24%。

2. 宿根蔗

将宿根蔗整个生长期所需的肥料、防虫药一次性施于蔗蔸两边后培土到原来的高度，对蔗畦喷除草剂（每公顷喷施40%去莠津悬浮剂2 250mL＋80%乙草胺乳油1 200mL，下同），覆盖地膜，紧贴表土，用泥土压实蔗沟膜并在沟底处每隔40～50cm开5～8cm长的渗水口，利于雨水渗透。膜边用泥土压入4～8cm，11月中旬揭膜。避免肥料与种子或根系接触，种子、根系与肥料的间距10～15cm，以免烧芽、烧苗。

在来宾和崇左宿根蔗试验结果显示（表29）：全程一次性施肥的甘蔗出苗率、分蘖率、茎径和株高均高于习惯施肥；茎径以对照最大；产量（97 680～101 535kg/hm²）高于习惯施肥（88 740kg/hm²）。

表29　甘蔗全程一次性施肥的田间效果（宿根蔗）

处　理	产量（kg/hm²）	含糖量（%）	氮利用率（%）	磷利用率（%）	钾利用率（%）	公顷节约施肥用工费（元）
全程一次性施肥	99 607.5	15.24	37.4	22.5	41.7	3 750
习惯施肥	88 740	14.77	22.7	14.9	25.4	

宿根蔗全程一次性施肥量为1 800kg/hm²（20-5-15），折合每公顷施纯氮（N）360kg、磷（P$_2$O$_5$）90kg、钾（K$_2$O）270kg；习惯施肥量为2 550kg/hm²（15-15-15），折合每公顷施氮

（N）382.5kg、磷（P_2O_5）382.5kg、钾（K_2O）382.5kg。减施肥750kg/hm²，减施 29.4%（减肥费 2 250 元/hm²）。

宿根蔗全程一次性施肥每公顷产量 99 607.5kg，较习惯施肥公顷产量 88 740kg 增产 10 867.5kg，增 12.24%。

甘蔗全程一次性施肥技术的推广应用将有效降低甘蔗生产用肥 1 012.5～1 350.0 元/hm²。甘蔗全程一次性施肥技术显著提高效益，节约用工费用 3 750～4 500 元/hm²。

（二）全程生物有机肥（复合微生物肥）

1. 新植蔗施肥操作

新植蔗施基肥时，将新植蔗整个生长期所需的添加了增效和缓释剂的生物有机肥（复合微生物肥，6 - 4 - 4）、防虫药一次性施于蔗蔸两边后培土到原来的高度，对蔗畦喷除草剂（每公顷喷施 40% 去莠津悬浮剂 2 250mL＋80% 乙草胺乳油1 200mL，下同），覆盖薄土即可。

统计蔗区田间试验结果显示：每公顷施添加了增效和缓释剂的生物有机肥（复合微生物肥，6 - 4 - 4）4 500kg，折合每公顷施肥成本 7 650 元；习惯施肥每公顷施复合肥（15 - 15 - 15）2 250kg、尿素 750kg，折合每公顷施肥成本 9 300 元；施添加了增效和缓释剂的生物有机肥（复合微生物肥，6 - 4 - 4）的公顷产量为 114 510kg，较习惯施肥每公顷产量 85 830kg 增产28 680kg，增 33.41%；减少施肥费用 1 650 元/hm²，节约施肥用工费 3 750 元/hm²。同时甘蔗含糖量也有明显提高（表30）。

表30　新植蔗全程施用生物有机肥（复合微生物肥）的效果

处　理	产量 （kg/hm²）	含糖量 （%）	施肥量 （kg/hm²）	公顷施肥 成本 （元）	公顷节约 施肥用工费 （元）
生物有机肥 （复合微生物肥）	114 510	15.77	4 500	7 650	3 750
习惯施肥	85 830	14.79	3 000	9 300	

2. 宿根蔗施肥操作

将宿根蔗整个生长期所需的添加了增效和缓释剂的生物有机肥（复合微生物肥，6-4-4）、防虫药一次性施于蔗蔸两边后培土到原来的高度，对蔗畦喷除草剂（每公顷喷施40%去莠津悬浮剂2 250mL+80%乙草胺乳油1 200mL，下同），盖薄土即可。

宿根蔗每公顷施添加了增效和缓释剂的生物有机肥（复合微生物肥，6-4-4）4 500kg，折公顷施肥成本7 650元；习惯施肥每公顷施复合肥（15-15-15）2 250kg、尿素750kg，折公顷施肥成本9 300元；施添加了增效和缓释剂的生物有机肥（复合微生物肥）公顷产量107 325kg，较习惯施肥83 745kg增产23 580kg，增28.15%；公顷减少施肥费用1 650元，公顷节约施肥用工费3 750元。同时，甘蔗含糖量也有明显提高（表31）。

连续3年施用添加了增效和缓释剂的生物有机肥后的试验区域土壤理化性状分析结果表明，除空白处理外，其他4个处理土壤有机质、速效氮、速效磷和速效钾含量均比3年前高，其中以施生物有机肥+化肥处理最高；施用生物有机肥处理和施生物有机肥+化肥处理的土壤有机质、速效氮、速

表 31　宿根蔗全程施用生物有机肥（复合微生物肥）的效果

处　理	产量（kg/hm²）	含糖量（%）	施肥量（kg/hm²）	公顷施肥成本（元）	公顷节约施肥用工费（元）
生物有机肥（复合微生物肥）	107 325	15.84	4 500	7 650	3 750
习惯施肥	83 745	14.91	3 000	9 300	

效磷和速效钾含量均比常规施肥、施等量灭菌有机肥和空白处理高，其中施用生物有机肥处理土壤有机质、速效氮、速效磷和速效钾含量分别比施用等量灭菌有机肥处理提高 5.1%、36.7%、100.0% 和 32.7%，分别比空白处理提高 12.4%、103.0%、366.7% 和 102.9%，分别比常规处理提高 10.2%、31.4%、75.0% 和 35.3%；施生物有机肥＋化肥处理分别比施等量灭菌有机肥处理提高 6.5%、53.1%、142.9% 和 46.2%，分别比空白处理提高 14.0%、127.3%、466.7% 和 123.5%，分别比常规处理提高 11.8%、47.1%、112.5% 和 49.0%（表 32）。

表 32　各施肥处理对土壤理化性状的影响

处　理	生物有机肥	生物有机肥＋化肥	等量灭菌有机肥	常规施肥（仅施用化肥）	空白对照（不施肥）
土壤有机质含量（g/kg）	15.75	15.97	14.99	14.29	14.01
速效氮含量（mg/kg）	67	75	49	51	33
速效磷含量（mg/kg）	14	17	7	8	3
速效钾含量（mg/kg）	69	76	52	51	54

（三）添加了增效和缓释剂的化肥＋有机肥

每公顷施无机复合（混）肥（12－6－7）2 250kg，施添加了增效和缓释剂的有机肥 2 250kg，折公顷施肥成本 6 750元；习惯施肥每公顷施复合肥（15－15－15）2 250kg、尿素 750kg，折公顷施肥成本 9 300 元。统计蔗区三处理田间试验结果表明，空白对照（不施肥）甘蔗产量 47 745kg/hm²；②常规施肥（施用化肥）甘蔗产量 91 590kg/hm²；③施有机—无机复合肥甘蔗产量 120 705kg/hm²。氮素平均利用率为 51.22%，磷素平均利用率为 29.45%；钾素利用率为 49.24%。

甘蔗种植施添加了增效和缓释剂的无机复合（混）肥＋添加了增效和缓释剂的有机肥，甘蔗对氮、磷、钾的吸收利用率显著提高，每公顷减少复合肥（15－15－15）施用量 750kg，减少 33.3% 的用量，同时公顷减少肥费 2 550 元。另外，甘蔗含糖量也有明显提高（表 33）。

表 33　甘蔗施用化肥＋有机肥的效果

处　理	产量 (kg/hm²)	含糖量 (%)	氮利用率 (%)	磷利用率 (%)	钾利用率 (%)
化肥＋有机肥	120 705	15.61	51.22	29.45	49.24
习惯施肥	91 590	14.74	23.50	13.40	23.70
空白对照（不施肥）	47 745	15.44	—	—	—

（四）甘蔗水肥一体化种植施肥

甘蔗水肥一体化施肥，基肥采用 20－30－0 配比，公顷施用量 165～225L；苗肥及分蘖肥采用 20 - 20 - 10 配比，公顷施用量 97.5～142.5L；伸长及糖分累积肥采用 25 - 10 - 15 配比，公顷施用量 750～900L；折公顷施肥成本 5 250～6 000 元。习惯施肥每公顷施复合肥（15 - 15 - 15）2 250kg、尿素 750kg，折公顷施肥成本 9 300 元。田间试用结果表明，甘蔗水肥一体化种植施肥公顷产量 146 108kg 较习惯施肥 93 255kg 增产 2 424kg，增 56.67%。甘蔗水肥一体化种植，甘蔗对氮、磷、钾的吸收利用率显著提高，减少施肥 750～970kg/hm²，减 29.4%～35.6%（公顷减肥费 3 300～4 050 元）。同时，甘蔗含糖量也有明显提高（表 34）。

表 34　　　　甘蔗水肥一体化种植施肥的效果

处　理	产量 （kg/hm²）	含糖量 （%）	氮利用率 （%）	磷利用率 （%）	钾利用率 （%）
甘蔗水肥一体化施肥	146 108	15.45	55.4	32.5	61.1
习惯施肥	93 255	14.97	22.3	12.7	24.1

　　从化肥发展的 170 多年历史看，随着有效养分高效化理论研究的突破和产品创新的实现，相关技术的采用，如包膜—生化抑制—脲醛（降活性—优供应—减损失）、有机生物活性增效载体配入肥料（肥料—作物—土壤系统调控），都具有促吸收、减损失的作用，实现肥料—甘蔗—土壤的综合调控，以更大幅度地提高肥料利用率。

　　甘蔗生产的节本增效和施肥的高效简便，将会更进一步地助力甘蔗产业朝着绿色高效目标发展。